Governance von A bis Z

Bernhard F. Seyr

Governance von A bis Z

Sozialwissenschaftliches Glossar
mit den Schwerpunkten
Governance- und Systemtheorie

PL ACADEMIC
RESEARCH

Bibliografische Information der Deutschen Nationalbibliothek
Die Deutsche Nationalbibliothek verzeichnet diese Publikation in
der Deutschen Nationalbibliografie; detaillierte bibliografische
Daten sind im Internet über http://dnb.d-nb.de abrufbar.

Umschlaggestaltung:
© Olaf Gloeckler, Atelier Platen, Friedberg

ISBN 978-3-631-60693-3

© Peter Lang GmbH
Internationaler Verlag der Wissenschaften
Frankfurt am Main 2013
Alle Rechte vorbehalten.
Peter Lang Edition ist ein Imprint der Peter Lang GmbH

www.peterlang.de

Gewidmet meiner Frau Johanna Seyr

Inhalt

Vorwort und Benutzungshinweise

Der vorliegende Band versteht sich als handliches Nachschlagewerk zum Wissensgebiet Governance in enger Verbindung mit der Systemtheorie. Governance – hier kurz umrissen als die Theorie zur Steuerung komplexer sozialer Systeme – gewinnt in den Sozial- und Wirtschaftswissenschaften als Forschungsgegenstand immer mehr an Bedeutung. Dies lässt sich an der wachsenden Zahl von Publikationen zum Thema Governance aus dem Blickwinkel verschiedenster Fachgebiete klar erkennen.

Dieses kompakte Lexikon richtet sich an das interessierte Fachpublikum, aber auch an Studierende sowie fachliche Laien und will diesen Zielgruppen den Zugang zu der komplexen Materie erleichtern. Überdies soll es im Gegensatz zu Nachschlagewerken im Internet als *zitierfähige* Quelle für unscharf umrissene „Begriffswolken" dienen. Häufig haben Studierende und fachliche Laien eine vage Vorstellung davon, was unter einem bestimmten Begriff zu verstehen ist, aber sie können die Bedeutung nicht exakt belegen. Zahlreiche Fachbegriffe, die in Texten zu Governance vorkommen, werden in diesem Glossar kurz und leicht fasslich definiert. Bei Begriffen, die mehrere Bedeutungen haben können, wird lediglich diejenige mit Bezug zur Governance, System- bzw. Organisationstheorie behandelt.

Das vorliegende Nachschlagewerk versteht sich nicht als Sammlung von sperrigen Aufsätzen, die schon einiges an Vorwissen voraussetzen, sondern es soll dabei helfen, das semantische Neuland rund um Governance mit seinem Fachvokabular durch knappe Definitionen klarer abzugrenzen, also einen Beitrag zur *Begriffsbildung* zu leisten.

Das ist sicherlich kein leichtes Unterfangen, wenn man bedenkt, dass die Schlagworte aus den unterschiedlichsten Kontexten und Begriffswelten stammen: vor allem aus der System- und Organisationstheorie, aber auch aus der Soziologie sowie aus den Wirtschafts-, Rechts- und Politikwissenschaften. Mit Bezug zu den Wirtschaftswissenschaften bedient sich die Governance-Theorie häufig aus dem Fundus der Verwaltungs- und Organisationswissenschaften. Da das Thema Wissensmanagement in der Organisationsentwicklung immer größere Bedeutung gewinnt, habe ich auch dazu einige zentrale Stichworte aufgenommen. Was die Systemtheorie anlangt, greift diese häufig auf das Vokabular der Naturwissenschaften und der Technik zurück. Es musste jedoch aus diesen Disziplinen eine knappe Auswahl von relevanten und aktuellen Stichworten getroffen werden, um das Lexikon umfangmäßig zu beschränken und thematisch zu fokussieren. Aus denselben Gründen ersuche ich auch gleichzeitig um Verständnis, wenn nicht alle Anwendungsfelder von Governance erwähnt werden können, sondern nur eine Auswahl vorgenommen wird.

Begriffserklärungen, die der herrschenden wissenschaftlichen Lehre und dem allgemein bekannten Stand der Wissenschaft entsprechen, sind – wie in den meisten Wörterbüchern üblich – nicht durch Zitate belegt. Sehr wohl jedoch werden spezielle Theorien bzw. Modelle einzelner Wissenschafter mit Quellenangaben versehen und im Literaturverzeichnis aufgelistet.

Ich danke Herrn Universitätsprofessor Dkfm. Dr. Alfred Kyrer für seinen einführenden Beitrag über das Gesamtkonzept der Governance, seine Anregungen und die Zurverfügungstellung zahlreicher Fachtexte und Materialien. Außerdem danke ich Herrn Mag. Thomas Krepper für seine Assistenz bei diesem Projekt.

Sopron, am 12.12.12

Tit. Univ.-Prof. Dr. Dr. Dr. habil. Bernhard F. Seyr
Fakultät für Wirtschaftswissenschaften
Westungarische Universität Sopron

Einleitung

Lost in translation – an den Beispielen Governance, Effizienz und Nachhaltigkeit

von Universitätsprofessor Dkfm. Dr. Alfred Kyrer

„Die Grenzen meiner Sprache bedeuten die Grenzen meiner Welt": Immer häufiger kann man sich von der Gültigkeit dieser These aus Ludwig Wittgensteins *Tractatus Logico-Philosophicus* überzeugen, wenn man internationale Printmedien oder Communiqués internationaler Institutionen genauer unter die Lupe nimmt:

Als die abstruse Idee einer „europäischen Wirtschaftsregierung" durch die internationalen Gazetten geisterte, konnte man feststellen, dass sich das italienische Sprichwort „Traduttore – Traditore" (zu Deutsch: Übersetzer – Verräter) wieder einmal bewahrheitete. Denn die inhaltlichen Aussagen waren völlig unterschiedlich, je nachdem, ob man den deutschen, französischen oder englischen Text einer Erklärung der Euroländer in Händen hielt. „Wir sind der Ansicht, dass der Europäische Rat die wirtschaftspolitische Steuerung der Europäischen Union verbessern muss", hieß es im deutschen Text.[1] Auf Französisch war zu lesen, der Europäische Rat solle das „gouvernement économique" verstärken. „Gouvernement" heißt aber bekanntlich „Regierung". Das erklärt, wieso in einem ersten, inoffiziellen Entwurf der englischen Fassung von „economic government" die Rede war – in der offiziellen Endfassung dagegen von „economic governance".

Anhand von drei Begriffspaaren soll gezeigt werden, wie falsche Zuordnungen und mangelnde begriffliche Klarheit die politische Kommunikation behindern und in der Folge sogar die Performance der Politik verschlechtern:

---

1 Erklärung der Staats- und Regierungschefs der Mitgliedstaaten des Euro-Währungsgebiets. Brüssel, 25. März 2010, 9. Absatz.

Begriffspaar 1: Effektivität versus Effizienz
Begriffspaar 2: Nachhaltigkeit versus Zukunftsfähigkeit
Begriffspaar 3: Governance versus Government

1. Effektivität versus Effizienz

Sprechen wir von *Effektivität*, so meinen wir die Wirksamkeit bestimmter Handlungen. Um diese Wirksamkeit beurteilen zu können, müssen zuvor die Ziele einer Person, einer Gruppe, einer Organisation sowie eines Projektes bekannt sein bzw. definiert werden. Bei staatlichen Einrichtungen fehlen häufig klare Zielvorstellungen und man agiert nach dem *Travnicek-Prinzip*: Ich weiß zwar nicht wohin ich will, aber dafür bin ich schneller dort!

Spricht man hingegen von *Effizienz*, so gilt es, zu untersuchen, welche Kosten mit der Verfolgung bestimmter Ziele bzw. Projekte verbunden sind, wobei auch die Art der Finanzierung (z.B. Steuerfinanzierung oder Kreditfinanzierung) eine Rolle spielt.

Manchmal gewinnt man in den Medien den Eindruck, dass Politiker die Begriffe Effizienz und Effektivität als Synonyma verwenden. Der Begriff Effizienz tritt vergleichsweise häufiger auf und zwar auch in Zusammenhängen, in welchen man eigentlich von Effektivität sprechen sollte. Dies hängt vor allem damit zusammen, dass die beiden Begriffe – wie viele andere – aus dem anglo-amerikanischen Sprachraum stammen und Übersetzungen in andere Sprachen ohne Kenntnis der sachlich notwendigen Differenzierungen erfolgt sind.

2. Nachhaltigkeit versus Zukunftsfähigkeit

In den 80er und 90er Jahren des vergangenen Jahrhunderts wurde der Begriff Nachhaltigkeit zunächst nur im ökologischen Kontext verwendet. Er zielt auf eine Schonung der natürlichen Ressourcen, die Bekämpfung von Lärm, Geruchsbelästigung und anderen Umweltgefahren oder die Einführung von Regelungen zum Schutz der Sicherheit der Bevölkerung ab. Dazu gehört auch die Bedachtnahme auf Abfallreduzierung und Recycling.

In den letzten Jahren trat ein neuer Begriffsinhalt in den Vordergrund, nämlich Nachhaltigkeit in der Bedeutung von *dauerhaften Lösungen* und damit einhergehend *Zukunftsfähigkeit.*

Größere Unternehmen wollen auf diesem Weg darauf hinweisen, dass sie ihre Funktionsfähigkeit – in einem bisweilen turbulenten Umfeld – zeitlich unbegrenzt aufrechterhalten können.

Ähnliches gilt auch für politische Einrichtungen (Parteien, Behörden, Regierungen etc.). Nachhaltige Reformen sollen derart gestaltet werden, dass die politische Lösung eines Problems (zB Rentenreform) dauerhaft ist und nicht nach wenigen Jahren eine „Reform der Reform" zu erfolgen hat. Leider bleibt es oft nur bei der guten Absicht.

3. Governance versus Government

So wie die Begriffe *Effizienz* und *Effektivität* von Politikern inhaltlich kaum auseinander gehalten werden und auch *Nachhaltigkeit*[2] immer mehr zum Modewort verkommt, so werden auch die Begriffe *Government* und *Governance* laufend verwechselt bzw. falsch übersetzt.

Im Gegensatz zu *Government*, dem in Normensetzung und Normenimplementierung vertikal verlaufenden Regieren mit klarer Trennung von Staatswirtschaft und Privatwirtschaft, geht es bei der *Governance* um die Steuerung komplexer Systeme, die Koordination neuer partnerschaftlicher Formen der Kooperation und die meist horizontal ausgelegten Handlungen von Staat, Unternehmen und Non-Profit-Organisationen.

Zu berücksichtigen ist dabei, dass die politischen Entscheidungsprozesse laufend komplexer werden, einerseits weil in den letzten Jahren notwendige Reformen unterblieben und andererseits die jeweiligen Regierungen nach wie vor versuchen, mit Entscheidungstechniken aus den 70er und 80er Jahren des vergangenen Jahrhunderts die aktuellen Probleme zu lösen.

Allmählich setzt sich jedoch die Erkenntnis durch, dass Fortschritte nicht durch *Reduktion* von Komplexität, sondern nur durch die Entwicklung sol-

---

2 Es gibt zahlreiche Unternehmen, vor allem Konzerne (Volkswagen, Siemens, Deutsche Bahn etc.), die einen periodisch erscheinenden „Nachhaltigkeitsbericht" vorlegen.

cher Werkzeuge möglich sind, die ein *Mehr* an Komplexität verarbeiten können. Und Governance ist ein derartiges Werkzeug.

Komplexität bzw. Varietät (in diesem Zusammenhang als Maßzahl aller möglichen Zustände eines Gesamtsystems) kann nur durch den gezielten Aufbau von Komplexität absorbiert werden.

Im Bildungsbereich etwa machte man die Erfahrung, dass höhere (Handlungs-)Fähigkeit nur aus mehr Komplexitätsvermögen erwächst. Somit wird das Wissen in einem bestimmten Themenfeld zwar größer, wodurch sich am jeweiligen System allerdings nichts ändert, solange dieses Wissen nicht angewandt bzw. „gesteuert" werden kann. Nur handlungsorientierte Governance kann nachhaltige Lösungen bringen.

Die Europäische Union auf der Suche nach einer Exit-Strategie ...

Angesichts der wachsenden Akzeptanz des Governance-Paradigmas in vielen Bereichen (Corporate Governance, Regional Governance, Cultural Governance, Data Governance, Military Governance) ist es umso überraschender, dass die europäische Variante von Governance, das 2001 von der Europäischen Kommission vorgelegte Weißbuch *European Governance*, mittlerweile so gut wie in Vergessenheit geraten ist.

Romano Prodi, Kommissionspräsident von 1999 bis 2004, war es, der Anfang 2000 in einer viel beachteten Rede vor dem Europäischen Parlament auf die Bedeutung neuer europäischer Entscheidungsstrukturen hinwies. In eben dieser Rede kam das große Selbstbewusstsein der europäischen Repräsentanten zum Ausdruck, welches die europäische Politik kurz vor Euro-Einführung und beginnender Osterweiterung prägte.

Im Kern ging es Romano Prodi darum

- die Komplexität politischer Entscheidungen zu verdeutlichen und jene Werttreiber zu fokussieren, welche die Performance der Politik in den Mitgliedstaaten beeinflussten,

- die Qualität der Entscheidungsfindung und Umsetzung durch Transparenz, Inklusion und Partizipation zu erhöhen und

• die Kommunikation der Mitgliedsstaaten untereinander auf eine gemeinsame Basis zu stellen.

Valentin Wedl[3] weist in einem Aufsatz darauf hin, dass eine ehemalige Governance-Website der EU leider mittlerweile den Archivstempel trägt. Dies bedeutet nun keineswegs, dass das Governance-Konzept im Zuge der Anwendung gescheitert wäre. Das Konzept einer *European Governance* wurde als wichtiges Werkzeug medial aufwendig präsentiert, aber in der Folge von den einzelnen Mitgliedsländern nur wenig beachtet. Auch in Österreich wich die ursprüngliche Euphorie („Österreich neu regieren"[4]) im Laufe der Jahre einer Lethargie.

Es ist geradezu grotesk, wenn man bedenkt, dass etwa zum selben Zeitpunkt, zu dem man in Europa das *European Governance-Konzept* einmottete, in Afrika ein Preis für *Good Governance in African Leadership* von einem sudanesischen Geschäftsmann gestiftet wurde. Er wird mittlerweile jährlich an Staatsoberhäupter vergeben. Der *Ibrahim Prize for Achievement in African Leadership* beträgt 5 Mill. Dollar (einmalig) und weitere 200.000 Dollar (jährlich) auf Lebenszeit, um Nachhaltigkeit zu erreichen.

Die Europäische Union sucht derzeit krampfhaft nach einer Exit-Strategie, um die auseinander driftende Politik der Mitgliedsländer wieder in den Griff zu bekommen. Diese Strategie kann nun freilich nicht darin bestehen, dass man lediglich das Weißbuch *European Governance* aus der Versenkung hervorholt und mit einem neuen Etikett versieht.

Was es bräuchte, wäre eine erweiterte Governance Strategie, die drei Dimensionen (Achsen) umfasst:

Dimension 1: Performance

Entscheidungen in einem bestimmten politischen Handlungsfeld werden anhand von zwölf Werttreibern, die untereinander vernetzt sind, überprüft.

---

3 In: Dimmel/Pichler (Hrsg.) 2009, S. 87 ff.
4 Österreich neu regieren. Regierungserklärung von Bundeskanzler Dr. Wolfgang Schüssel vom 9. Februar 2000.

Die Werttreiber im Einzelnen sind: Effizienz, Kohärenz, Wissensmanagement, Koordination, Nachhaltigkeit, Kooperation, Social Responsibility, Kohäsion, Effektivität, Kommunikation, Controlling und Finanzierung.

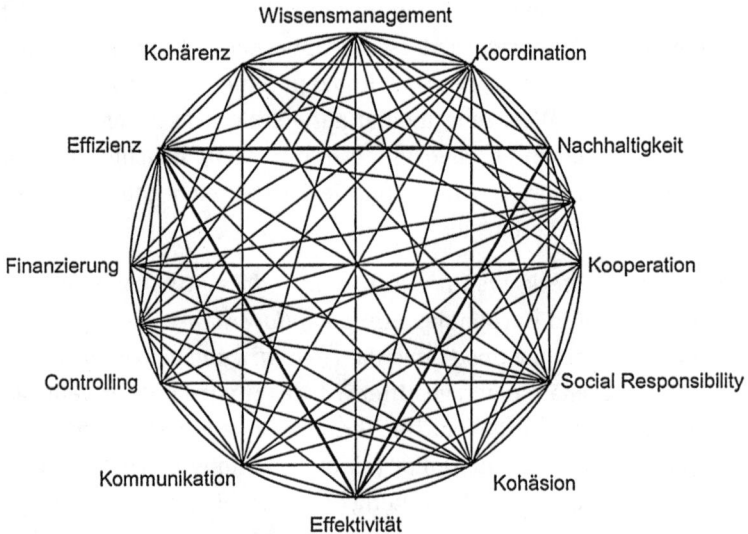

Optisch bilden die Werttreiber das *Governance-Rad*, ein kybernetisches Steuerungstool, welches die Verarbeitung von Komplexität nach und nach (iterativ) ermöglicht. Es ist ein offenes System, das – wenn sich neue Perspektiven ergeben – um weitere Werttreiber ergänzt werden kann. Allerdings ist zu berücksichtigen, dass mit jedem weiteren hinzugefügten Werttreiber auch die Komplexität der Analyse wächst.

Je mehr politische Handlungsfelder in die Governance-Analyse einbezogen werden – also Entscheidungen nach dem gleichen Analysenschema getroffen (strukturiert) werden – desto eher ist es möglich,

- bei neuen anstehenden politischen Projekten Prioritäten zu setzen (und damit Ressourcen zu sparen!),
- mit Cockpit-Systemen zu arbeiten, um Fehlentwicklungen frühzeitig zu erkennen und gegenzusteuern (auch hier wird die Verschwendung von Ressourcen verhindert!),

- von linearen Sparpaketen, die nach dem „Rasenmäher-Prinzip" arbeiten, abzugehen und für die einzelnen politischen Handlungsfelder Strukturpakete – anhand von Masterplänen – zu entwickeln.

Governance und Masterpläne sind wichtige Werkzeuge zur Steigerung der Performance, hängen jedoch ohne ihre Verknüpfung mit den Dimensionen *Raum* und *Zeit*, welche lange Zeit vernachlässigt wurden, im luftleeren Raum. Johannes Steiner hat treffend bemerkt, dass in den Sozialwissenschaften oftmals Schwierigkeiten mit Raum und Zeit aufträten und diese auf sozialwissenschaftliche Theorieapparate (z.B. Dominanz des „Gleichgewichts"-Paradigmas) zurückzuführen seien. „Erst die Berücksichtigung der Dimensionen Raum und Zeit macht fachliche Expertise so konkret, dass sie wirklich brauchbare Grundlagen für verantwortliches Handeln in einem jeweils historisch und geografisch konkreten gesellschaftlichen Kontext zu liefern vermag."[5]

Dimension 2: Zeit

Die Dimension Zeit ist in zwei Ausprägungen zu berücksichtigen: Forecasting und Backcasting[6], wobei letzteres allmählich an Bedeutung gewinnt und erstmals im Zuge der Reform des österreichischen Gesundheitswesen erfolgreich angewandt wurde.

Dimension 3: Raum

„Space matters" lautet der Schlachtruf der Raumwissenschaften gegenüber den Sozialwissenschaften. Dass diese Dimension so lange außer Acht gelassen wurde, ist auf die zu starke Fixierung auf das statische Medium „Plan" zurückzuführen. Durch die stärkere Fokussierung der Regionen seitens der EU erfolgte hier ein Umdenken. Zahlreiche Publikationen mit dem Schwerpunkt „Regional Governance" belegen dies deutlich.

Diese drei Dimensionen bilden den harten Kern einer *Allgemeinen Handlungstheorie für den öffentlichen Sektor*.

Die **vierte Dimension** ist dabei – bisher unausgesprochen – die *Handlungsqualität*, die in allen drei Dimensionen handlungsleitenden Charakter hat.

---

5 Steiner 2011, S. 153 f.
6 Vgl. Kyrer/Seyr, in: Kyrer/Seyr (Hrsg.) 2011, S. 9 ff.

Je besser es gelingt, diese Dimensionen simultan bei Entscheidungsprozessen zu berücksichtigen, umso größer ist in der Folge die politische Handlungsqualität, wobei die Werttreiber – durch die Vernetzung – in vielen Fällen additiv wirken, dh je mehr komplexe Hindernisse im Zuge der Analyse „internalisiert" werden können, desto größer werden die Handlungsqualität insgesamt und damit auch die Performance der Politik im Besonderen.

Bernhard F. Seyr erklärt in dem vorliegenden Lexikon die wichtigsten Begriffe, die benötigt werden, um mit den Governance-Paradigmen arbeiten zu können, und er gibt damit einen wichtigen Impuls zur Verbreitung des neuen *sozialwissenschaftlichen* Paradigmas, das – viele Zeichen sprechen dafür – im Begriff ist, das *Kuhn'sche Paradigma* abzulösen.

Darüber hinaus leistet er einen nicht zu unterschätzenden Beitrag für mehr semantische Hygiene im Governancebereich der Politik und Ökonomie.

Bergheim, im Dezember 2012

Univ.-Prof. Dkfm. Dr. Alfred Kyrer
Fachbereich Sozial- und Wirtschaftswissenschaften
Paris-Lodron-Universität Salzburg

Literaturhinweise

Dimmel, Nikolaus / Pichler, Wolfgang (Hrsg.): Governance – Bewältigung von Komplexität in Wirtschaft, Gesellschaft und Politik. Frankfurt a. M., Berlin, Bern, Brüssel, New York, Oxford, Wien: Peter Lang, 2009.

Kyrer, Alfred (Hrsg.): Integratives Management für Universitäten und Fachhochschulen. Oder: Governance und Synergie im Bildungsbereich in Österreich, Deutschland und der Schweiz. Wien, Graz: Neuer Wissenschaftlicher Verlag, 2002. (Edition T.I.G.R.A., Band 1)

Kyrer, Alfred / Seyr, Bernhard F. (Hrsg.): Governance und Wissensmanagement als wirtschaftliche Produktivitätsreserven. Frankfurt a. M., Berlin, Bern, Brüssel, New York, Oxford, Wien: Peter Lang, 2007.

Kyrer, Alfred / Seyr, Bernhard F. (Hrsg.): Systemische Gesundheitspolitik – Zeithorizont 2015. Frankfurt a. M., Berlin, Bern, Brüssel, New York, Oxford, Wien: Peter Lang, 2011.

Seidl, Markus / Rossbacher, Johannes (Hrsg.): Politik und Raum in Theorie und Praxis. Texte zu einem systemischen Verständnis von staatlichem Handeln, Möglichkeiten der Politikkoordination und Grenzen der politischen Steuerungskapazität, Sonderserie Raum & Region, Heft 3. Wien: 2011.

Seyr, Bernhard F.: Governance im Hochschulwesen: Bildungspolitik des postsekundären Sektors in Europa – Prüfungsanerkennung an österreichischen Universitäten. Wien, Graz: Neuer Wissenschaftlicher Verlag, 2002. (Edition T.I.G.R.A., Band 3)

Steiner, Johannes: Reflexionen über Raum und Zeit, in: Seidl, Markus / Rossbacher, Johannes: Politik und Raum in Theorie und Praxis. Texte zu einem systemischen Verständnis von staatlichem Handeln, Möglichkeiten der Politikkoordination und Grenzen der politischen Steuerungskapazität, Sonderserie Raum & Region, Heft 3. Wien: 2011.

Governance von A bis Z

A

A2A. Administration to Administration. Zusammenarbeit zweier Verwaltungsstellen bzw. öffentlicher Einrichtungen.

ABC-Analyse. Verfahren zur Herausarbeitung der für eine Organisation wichtigsten oder wertvollsten Produkte, Dienstleistungen, Lagerbestände, Kunden, Geschäfts- oder Tätigkeitsfelder (hier kurz: Wertträger). Mengen- und wertmäßige Kriterien der Klassifikation können dabei sein: Umsatz, Materialeinsatz, Wert, Gewinn, Deckungsbeitrag, Kosten und dgl. Die Wertträger werden nach ihrer Bedeutung in drei Bereiche eingeteilt:

A-Bereich: die aus der Sicht der jeweiligen Organisation wichtigsten Wertträger.

B-Bereich: die weniger wichtigen Wertträger bzw. die Wertträger von mittlerer Wichtigkeit.

C-Bereich: die relativ unbedeutenden Wertträger.

Ablaufdiagramm. Grafische Darstellung des Ablaufes eines Prozesses. Andere Bez.: Flow chart.

Ablauforganisation. Teilgebiet der Organisation, das sich mit der räumlichen und zeitlichen Folge des Zusammenwirkens von Menschen, Betriebsmitteln und Arbeitsgegenständen bzw. Informationen beim Erfüllen von Arbeitsaufgaben befasst. Sie besteht in der Planung, Gestaltung und Steuerung von Arbeitsabläufen.

Accountability. Engl. für: Verantwortung, Haftung, Rechenschaftspflicht. Verpflichtung einer Organisation zur Rechenschaft über die (verantwortungsvolle) Zielerfüllung gegenüber der Öffentlichkeit.

Acquis communautaire. Frz.: Errungenschaften der Gemeinschaft. Man versteht darunter die Gesamtheit aller Rechtsakte, welche für die Mitgliedstaaten der Europäischen Union verbindlich sind. Im Falle eines EU-Beitritts muss ein Staat den A. c. übernehmen, wobei fallweise bestimmte Ausnahmen oder Übergangsregelungen vereinbart werden können.

Adhocracy. Engl., Kunstwort aus „ad hoc" (lat., sinngemäß: für diesen Moment, zur Sache passend) und „democracy" (engl.: Demokratie). Politik, die ohne weitere Überprüfung, strategische Planung oder Folgenabschätzungen aus momentan gegebenen Anlässen Maßnahmen setzt. Unüberlegte Anlassgesetzgebungen dienen dafür als Beispiele.

Agency-Theorie. ↗ Principal-Agent-Problem.

Aggregation. Zusammenfassung gleichartiger Größen, Transaktionen oder Personen zu makroökonomischen Aggregaten (Gesamtgrößen). Beispiele: Produktion, Konsum, Ersparnis, Investition.

Agglomeration. Räumliche Anhäufung von (branchenähnlichen) Unternehmen bzw. Organisationen. Andere Bez.: Clusterbildung. ↗ Cluster.

AKP-Staaten. Staaten des afrikanischen, karibischen und pazifischen Raums, die besondere Förderungen der EU erhalten.

Akteur. Handelnde Person (individueller A.) oder Organisation (überindividueller A., ↗ Composite Actor).

Aktiv Innovierende. Personen, die Veränderungen bzw. Reformen in Gang setzen, begleiten und die

↗ passiv Innovierende beeinflussen, um Anpassungswiderstände gegenüber den Neuerungen zu minimieren.

Akzelerator. Beschleuniger.

1. Beschleunigungsfaktor in der Makroökonomie, der misst, in welchem Ausmaß Nachfragesteigerungen eine Erhöhung des Investitionsvolumens verursachen. Der A. führt zum Aufschaukeln wirtschaftlicher Impulse, da Unternehmen bei einer Steigerung der Nachfrage mit höheren Investitionen reagieren, was wiederum zu einer Erhöhung der Nachfrage führt. Der A.-Effekt kann umgekehrt auch in Phasen des wirtschaftlichen Abschwungs wirksam werden.

2. Person oder Institution, die das Wachstum eines neu gegründeten Unternehmens beschleunigt. Dies kann durch Erfahrungen, Wissen, Kontakte oder Kapital erfolgen. Andere Bez.: Business Angel.

Alignment. Engl. für: Ausrichtung, Anordnung in einer Linie. *Systemtheoretisch* ist die damit die Anpassung einzelner Elemente (bzw. einzelner Individuen als Teile eines sozialen Systems) an die Ausrichtung des Gesamtsystems gemeint. *Betriebswirtschaftlich* versteht man darunter die Anpassung bzw. Übereinstimmung der Wertsteigerungshebel in einer Organisation. Dazu gehören beispielsweise das A. bzw. die Anpassung von Anreizsystemen und Organisationsstruktur sowie Koordinationsmechanismen oder das A. mit dem strategischen Konzept, normativen Rahmen und der Führungskultur im Rahmen des *internen A*. Unter dem *externen A*. wird die Anpassung interner Faktoren (zB Ressourcen, Kompetenzen, Identität einer Organisation) mit dem externen Kontext (Erwartungen der Anspruchsgruppen, Entwicklungen des Umfelds, technologische oder soziale Umwälzungen etc.) verstanden. (Vgl. dazu Müller-Stewens / Brauer 2009 zum St. Galler Corporate-Management-Modell.)

Allmende. Historisch: allgemein zugänglicher Weidegrund. A.-Güter sind solche Güter, von deren Konsum niemand ausgeschlossen werden kann, bei denen aber Rivalität im Konsum besteht. Beispiele: Almweiden in den Bergen, Fischbestände in den Weltmeeren, Umwelt. Die „Tragik der A." besteht darin, dass den Individuen sehr wohl bewusst ist, dass durch die schonungslose Ausbeutung die betreffende Ressource für alle zerstört wird. Trotzdem handelt aber derjenige, der die Ressource nutzt, rational, da sie ansonsten von der Konkurrenz ausgebeutet würde. Die Tragik der A. kann durch geeignete Governanceinstrumente, nämlich eine gemeinschaftliche Verwaltung solcher Ressourcen mit Hilfe klarer und exekutierbarer Regelwerke aufgelöst werden.

Allokation. Zuteilung von knappen Produktionsfaktoren (Ressourcen) auf alternative Verwendungszwecke oder an verschiedene ↗ Akteure oder Interessengruppen.

Alternativkosten. Begriff aus der Evaluierungsforschung. Der Nutzen, der mit einem bestimmten Projekt verbunden ist, wird mit jener Kosteneinsparung bewertet, die sich bei alternativen („zweitbesten") Projekten ergeben würde.

Ambassador. Engl. für: Botschafter. Prozessbegleiter, der bei der Umsetzung von Reorganisations- und/oder Deregulierungsprogrammen mitwirkt. Ähnlich verwendete Bez.: Prozessmanager oder Change Agent.

Ankündigungswirkungen. Änderung von Verhaltensweisen in sozialen Systemen, die durch die Ankündigung von bestimmten Maßnahmen (zB Preis- oder Steuererhöhungen) ausgelöst werden. Zwei Arten sind zu unterscheiden:

1. Selbsterfüllung: In diesem Fall bewirkt die Ankündigung, dass ein bestimmtes Ereignis, das ohne die Ankündigung unterblieben wäre, nun tatsächlich eintritt.

2. Selbstaufhebung oder Selbstzerstörung: In diesem Fall führt die Ankündigung eines Ereignisses dazu, dass das angekündigte Ereignis nicht eintritt, weil Anstrengungen unternommen werden, um das Eintreten des angekündigten Ereignisses zu verhindern.

Antagonistische Kooperation. Art der Zusammenarbeit trotz Gegnerschaft, um einen höheren Nutzen als im Falle einer unterbliebenen Kooperation zu erzielen. Die A. K. ist typisch für die politische Kooperation in Demokratien, wobei die beteiligten ↗ Akteure (politische Gruppierungen bzw. deren Interessenvertretungen) um Wählerstimmen konkurrieren. Oft ergibt sich jedoch bei dieser Kooperationsform nicht das sachlich beste Resultat, sondern es kommt häufig zu Kompromissen und gegenseitigen Blockaden.

Antizyklische Wirtschaftspolitik. Art der Krisengovernance in konjunkturellen Abschwungphasen. Es wird versucht, Konjunktureinbrüche durch gegensteuernde Maßnahmen zur Beeinflussung von Produktion, Einkommen und Beschäftigung auszugleichen, zB durch öffentliche Aufträge. In Zeiten des wirtschaftlichen Aufschwungs sollten allerdings Staatsschulden, die daraus resultieren, abgebaut werden. Gerechtfertigt wird die a. W. häufig durch die Theorien des Ökonomen John Maynard Keynes.

APEC. Abk. für: Asia Pacific Economic Cooperation. Das Forum beschäftigt sich vor allem mit dem Freihandel, dem Abbau von Handelshemmnissen und Zöllen sowie mit der Intensivierung von länderübergreifenden Kooperationen. ↗ ASEAN.

Äquivalenzprinzip. Ökonomischer Grundsatz, wonach die Leistung der Gegenleistung entsprechen sollte.

ARIADNE. Abk. für: Alliance of Remote Instructional Authoring and Distribution Networks for Europe. A. ist eine europäische Initiative, die sich in den Bereichen E-Learning, Fernlehre, Wissenstransfer, Teilen und Wiederverwendung von Lehrmaterial engagiert. Bezugspunkte sind dabei die Lehre im Hochschulsektor sowie in der Erwachsenenbildung.

Arm's Length Principle. Prinzip, wonach innerhalb von Konzernen oder großen Organisationen Leistungen zu internen Verrechnungspreisen fakturiert werden, wie sie von Drittunternehmen verlangt würden. Beispiel: Die Rechtsabteilung stellt der Verkaufsabteilung eine interne „Rechnung" über ein übliches Anwaltshonorar, welches vom Budget der Verkaufsabteilung abgebucht und dem Budget der Rechtsabteilung zugerechnet wird. Dieses Prinzip soll zu mehr Effizienz und Kostenbewusstsein innerhalb von großen Organisationen führen. Häufig wird das System interner Verrechnungspreise auch unter der Bez. „Beyond Budgeting" diskutiert.

ASEAN. Abk. für: Association of Southeast Asian Nations. Sie bildet neben der ↗ APEC eine wichtige wirtschaftliche Kommunikationsplattform im asiatischen Raum.

Ashby'sches Gesetz. Das auf W. R. Ashby zurückgehende Gesetz aus dem Bereich der ↗ Kybernetik besagt, dass die Fähigkeit eines Steuerungssystems Störungen auszugleichen umso größer ist, desto größer seine Handlungsvarietät ist. ↗ Varietät, Resilienz.

Assign management. Engl. für: Aufgabenmanagement. Management, das sich auf die Umsetzung von Projekten konzentriert.

Assignment. Engl. für: Beauftragung, Zuweisung, Bestimmung. Rollenzuweisung bei Interaktionen zwischen verschiedenen Akteuren mit unterschiedlichen Zielen.

Audit. Betriebliche Revision, häufig im Sinne einer Rechnungsprüfung oder Überprüfung eines Qualitätsmanagement-Systems. Audits können durch externe oder interne Auditoren nach bestimmten Vorschriften oder Vorgaben durchgeführt werden. Audits sind universell einsetzbare Instrumente zur Führung und ↗ Steuerung von Systemen. Audits können parallel für verschiedene Organisationsansätze bzw. Organisationssysteme eingesetzt werden und dabei Synergieeffekte erzielen. Dazu müssen die Organisationssysteme bzw. Teilsysteme miteinander vernetzt sein, um Insellösungen auszuschließen und so ein adäquates, ganzheitliches „Audit-System" zu ermöglichen.

Aufbauorganisation. Planung und Strukturierung der betrieblichen Organisation nach dem Gesichtspunkt der Arbeitsteilung sowie der hierarchischen Gliederung (Über- und Unterordnung). Ausgerichtet ist die A. auf Rechte, Pflichten und Organisationsziele unabhängig von den konkreten Personen. Gegensatz: ↗ Ablauforganisation.

Austeritätspolitik. Engl.: austerity, lat.: austeritas (Strenge, Entbehrung, Sparsamkeit). Politische Maßnahmen, die die Budgetsanierung, dh einen ausgeglichenen Haushalt ohne Neuverschuldung, einer Gebietskörperschaft sicherstellen sollen. Dazu gehören ausgabenseitige Sanierungsmaßnahmen (Einsparungen) sowie einnahmenseitige Sanierungsmaßnahmen (zB Steuererhöhungen). Oft werden aber mit dem Begriff Austerität in erster Linie Einsparungen bei den öffentlichen Ausgaben bezeichnet.

Austrittsbarrieren. Faktoren wie Kundenloyalität oder spezialisier-

te Kompetenzen, die ein Unternehmen trotz wirtschaftlicher Verluste oder Nachteile am Marktaustritt hindern.

Autonomie. Wörtlich: Unabhängigkeit. Bei Körperschaften: Vorrecht zur Setzung eigenen Rechts in definierten Grenzen (zB Satzungen) und zur Selbstverwaltung. Die A. steht so im Widerspruch zur zentralistischen Staatsorganisation.

Autopoiese (Autopoiesis). Fähigkeit eines ↗ Systems sich ohne die Aufgabe der Strukturidentität selbst zu erneuern. Begründer dieses Konzeptes sind ↗ Maturana und ↗ Varela (Maturana / Varela 2012).

Avis. Frz. für: Stellungnahme, Auffassung, Beurteilung, Bekanntmachung. Stellungnahme der EU-Kommission an den EU-Rat über die wirtschaftliche, finanzielle und soziale Lage eines Beitrittswerbers, die als Grundlage von Verhandlungen über dessen Beitritt dient.

B

B2B. Business to Business. Transaktionen zwischen Unternehmen.

B2C. Business to Consumer. Transaktionen zwischen Unternehmen und Konsumenten.

Backcasting. Engl. Kunstwort aus: „back" (zurück) und „forecasting" (Vorhersage). Planungsmethode. B. geht von definierten zukünftigen Ziel-Szenarios aus und versucht entgegen der Zeitachse (von den Ziel-Szenarios rückwärtsstrebend) Entwicklungspfade zu konstruieren. Im Zuge dessen sind geeignete Umsetzungsmaßnahmen vorzusehen. Dadurch soll sichergestellt werden, dass bestimmte Szenarios (approximativ) auch zu einem bestimmten Zeitpunkt erreicht werden können.

Bail-out, kommunaler. Engl.: für Rettungsaktion, hier: im kommunalen Bereich. Übernahme von Schulden oder Haftungen für Gemeinden durch Dritte (zB Gemeindeverbände, Länder oder Bund). Problematisch ist diese Sanierungsmaßnahme, wenn keine strukturellen Reformen erfolgen, durch welche weitere Überschuldungssituationen vermieden werden können.

Bargaining. Engl. für: das Feilschen, Verhandeln. Art einer Verhandlungslösung.

1. Kollektives Entscheidungsverfahren, das auf Verhandlungen zwischen Repräsentanten und Delegierten einzelner Gruppen (zB Sozialpartner) beruht. ↗ Korporatismus.

2. Bargaining als kooperativer Mechanismus hat auch eine Bedeutung in der ↗ Spieltheorie, wonach sich mehrere Akteure auf eine gemeinsame Strategie einigen können, um damit Vorteile in einer Verhandlung oder Konkurrenzsituation zu erzielen (gegenüber dem Auftreten als einzelner Akteur). Der dadurch gemeinsam erreichte Vorteil wird zwischen den Verbündeten nach einer gesonderten Verhandlung (bargaining solution) aufgeteilt.

Beggar my neighbour policy. Engl. für: „Ruiniere meinen Nachbarn"-Politik. Wirtschaftspolitik, die den Beschäftigungsstand im Inland zu Lasten der Handelspartner verteidigt („Export von Arbeitslosigkeit"). Instrumente dafür sind die Errichtung von Importschranken, die Subventionierung der Exporte und die Abwertung der eigenen Währung. Letztlich führt diese Politik aber selten zum gewünschten Erfolg. Im Endeffekt werden alle Beteiligten –

einschließlich der eigenen Volkswirtschaft – geschädigt, da in der Regel mit Vergeltungsmaßnahmen aus dem Ausland zu rechnen ist.

Behaviorismus. Psychologische Denkrichtung, die sich auf das Studium beobachtbarer und quantifizierbarer Verhaltensweisen von Menschen und Tieren unter Außerachtlassung subjektiver Phänomene konzentriert. Behavioristisches Denken kann dann in der Governance oder Systemanalyse eine Rolle spielen, wenn die einzelnen ↗ Systeme oder Teilsysteme als sog. „Black boxes" gesehen werden, deren innere Abläufe nicht analysiert, sondern mehr oder weniger als gegeben hingenommen werden.

Benchmarking. Engl. für: Bezugsmarke, Bezugswert. Festlegung von Vergleichsmaßstäben und Leitwerten (sog. Benchmarks) zur ↗ Evaluation von Institutionen. Der Grundgedanke ist die Verbesserung der ↗ Performance durch ↗ organisationales Lernen. B. stärkt die Wettbewerbsfähigkeit mit anderen Institutionen. Die Grenzen zwischen B. und ↗ Ranking sind fließend.

Bertalanffy, Karl Ludwig von. 1901 – 1972. Bedeutender austro-amerikanischer Philosoph, theoretischer Biologe und Systemtheoretiker. 1949 veröffentlichte er erstmals seine Allgemeine Systemtheorie („General System Theory"), in der er versuchte, die gemeinsamen Gesetzmäßigkeiten in biologischen, physikalischen sowie sozialen Systemen aufzudecken und zu formalisieren. B. kann also als einer der Begründer der heutigen Systemtheorie angesehen werden.

Bertelsmann-Transformationsindex. Abgekürzt: BTI. Projekt der Bertelsmannstiftung. Schwerpunkt des Projekts ist die weltweit vergleichende Analyse von wirtschaftlichen und politischen Transformationsprozessen in Entwicklungsländern betreffend die beiden Einzelkomponenten a) politische Transformation und b) Transformation zur Marktwirtschaft, welche sich wiederum in Einzelkriterien unterteilen. Der BTI-Wert (dh der Mittelwert aus den beiden Einzelkomponenten) gibt Auskunft über die Qualität der politischen und wirtschaftlichen Governance in 128 Staaten. Der Index wird alle zwei Jahre aktualisiert und als Ranking veröffentlicht. Er dient als Basis für die Politikberatung und den Dialog mit betroffenen Institutionen.

Betreibermodell. Projekt, das privat geplant, finanziert, gebaut und betrieben wird und nach Ende einer vertraglich vereinbarten Dauer (normalerweise zwischen 15 und 30 Jahren) in das Eigentum des Auftraggebers (der öffentlichen Hand) übergeht. Besondere Form der ↗ Public Private Partnership. Ähnlich: ↗ BOT-Projekte.

Beziehungskapital. ↗ Soziales Kapital.

Bias. Systematische, trendartige Verzerrung der Ergebnisse bei quantitativen Analysen.

Big bang. Engl. für: großer Knall. Weitreichende organisatorische Umstellung in einem ökonomischen System (zB Reform eines Finanzmarktsystems, Reformen an einer Börse, Währungsumstellung von Schilling auf Euro etc.).

Black-Box-Methode. Methode zur Untersuchung komplexer Systeme, bei denen zunächst nur die Eingangsgrößen (der Input) und die Ausgangsgrößen (der Output) bekannt sind, die Struktur des Systems jedoch erst erforscht werden muss. Instrumente hierzu sind Veränderungen von exogenen (äußeren) Variablen unter Anwendung der ceteris-paribus-Bedingung (das heißt: unter der Annahme sonst gleicher Bedingungen). ↗ Behaviorismus.

Bossing. Versuche von Führungskräften, Mitarbeiter aus einem Unternehmen hinauszuekeln. B. ist Mobbing von oben.

BOT. Build Operate Transfer. Engl. für: bauen, betreiben, übertragen. Ähnlich dem ↗ Betreibermodell, wobei allerdings bei einem BOT-Projekt ein privates Unternehmen eine Infrastruktur-Anlage, wie zB einen Flughafen oder ein Kraftwerk, schlüsselfertig auf eigene Kosten und eigenes Risiko errichtet, betreibt und diese Anlage dann nach dem Ende einer jahrzehntelangen Nutzungsdauer (zB 30 Jahre) an die öffentliche Hand überträgt. BOT ist eine Form der ↗ Public Private Partnership.

Bottom-up. Engl. für: Problemlösung von „unten" nach „oben". Zumeist ist dies in einem hierarchischen Kontext der betreffenden Organisation zu sehen, dh beispielsweise wird eine Initiative von untergeordneten Stellen zu übergeordneten Stellen getragen. Andere Bez.: Grassroots-Strategie. Gegenteil: Top-down.

Brain-drain. Wörtlich „Gehirnabfluss". Abwanderung qualifizierter Arbeitskräfte. In den fünfziger Jahren des 20. Jh. entstandener Begriff, als die höheren Einkommen (und die besseren Forschungsbedingungen) in den USA eine starke Anziehungskraft auf die technische Intelligenz in Europa ausübten. Heute laborieren am Braindrain vor allem die Entwicklungsländer: Ihre im Ausland studierende Jugend kehrt vielfach nicht mehr in die Heimat zurück. Gegenteil: Brain gain.

Brainstorming. Problemlösungsverfahren bzw. Kreativitätstechniken, bei denen man versucht, bestimmte Fragen gemeinsam im Team zu lösen bzw. einer Lösung näher zu bringen. In B.-Sitzungen ist den Teilnehmern das Äußern grundsätzlich aller Vorschläge gestattet, erst in einem zweiten Schritt erfolgt die Bewertung und Auswahl der Lösungsvorschläge.

Braintrust. Gruppe von Experten, die versuchen, komplexe Probleme im Team zu bearbeiten.

Briefing. Aus der Militärsprache übernommener Ausdruck.

1. Kurze Arbeitsbesprechung. Unterweisung, wie eine bestimmte Handlung oder ein bestimmter Prozess ablaufen soll. So bezeichnet man zB als B. die Zusammenkunft der Crew eines Flugzeugs vor dem Abflug, um nochmals alle Flugdaten, Sicherheitsvorkehrungen, Zollbestimmungen, Währungs-, Erste-Hilfe-Fragen und anderes durchzusprechen.

2. Instrument der Zusammenarbeit zwischen Werbeagenturen und ihren Kunden bzw. kurze Weitergabe wichtiger Informationen.

BTI. ↗ Bertelsmann-Transformationsindex.

Budgetfunktion. Formel, die eine automatische Budgetzuweisung erlaubt. Die Parameter dieser Formel sind im Wesentlichen Auslastungs- und Leistungsindikatoren. Nach Ziegele (2000, S. 331 ff) unterscheidet man vier verschiedene Grundtypen der formelgebundenen, automatischen Budgetzuweisung:

1. Reines Indikatorenmodell, wobei das gesamte Budget in einen fixen und einen variablen Teil getrennt wird. Die Zuweisung der variablen Mittel erfolgt auf Basis der Leistungsindikatoren.

2. Indikatorenmodell mit Ergänzung durch Zielvereinbarung und Vorabzuweisungen von Mitteln.

3. Zielvereinbarung mit Fortschreibung des Budgets für mehrere Perioden. Die Erfolge bei der Zielerreichung vorheriger Perioden sind die Basis für neue Budgetzuweisungen.

4. Zielvereinbarung mit Indikator-Anreiz-Modell. Integration von Komponenten, die auf Leistungsindikatoren beruhen.

Bundling. Bündelung verschiedener Produkte oder Ressourcen zu einem Gesamtpaket.

Business Angel. ↗ Akzelerator (2.)

Business process Reengineering. Kurzform: Reengineering. Grundsätzliche Neugestaltung der Leistungserbringung in privaten Unternehmen oder der öffentlichen Verwaltung, geplanter Strukturwandel. Umgestaltung von systeminternen Prozessabläufen mit dem Ziel, zB Qualität, Kundendienst, Geschwindigkeit und Kostenstruktur zu verbessern. Theorien und Werkzeuge für R. bietet das ↗ Change Management an.

Business Value Proposition. Unter Value Proposition im Allgemeinen versteht man ein Nutzenversprechen gegenüber den Interessengruppen einer Organisation. Die BVP definiert den Nutzen, den die strategische Führungsebene (Corporate-Ebene) den untergeordneten Geschäftszweigen oder Teilorganisationen stiftet.

C

Ceteris-paribus-Bedingung. Um die Wirkung von veränderbaren Größen zu ermitteln, wird zunächst unterstellt, dass alle übrigen Variablen unverändert bleiben.

Change Agent. ↗ Ambassador.

Change Management. Steuerung des Wandels in Organisationen. Da alle Organisationen über die Zeit hinweg Veränderungen unterworfen sind bzw. sein müssen, ist C. M. Teil jeden umfassenden Managementhandelns. ↗ Leadership

Basis-theorien d. Wandels	*Prozesse*	*Ursachen*
Evolutions-theorie	Variation Selektion Rentention	Überlebens-kampf durch Konkurrenz-situation und bzw. oder Um-welteinflüsse
Dialektik-theorie	These Antithese Synthese	Konflikte
Lebenszyk-lustheorie	Entstehung, Einführung, Verbreitung, Wachstum, Reife, Opti-mum, Ob-soleszenz, Degenerati-on	Entwicklungs-programm im Zeitablauf
Ziel-Weg-Theorie	Zielbildung Diagnose Redesign Implemen-tierung	Optimierungs-wunsch und (strategische) Planung

Chaostheorie. Kernaussage der C. ist, dass bei chaotischen dynami-schen ↗ Systemen eine Voraussage zukünftiger Entwicklungen nicht möglich ist, weil sich winzige Messfehler bzw. Probleme bei der exakten Bestimmung der Aus-gangslage eines Systems nicht vermeiden lassen. Solche Systeme reagieren allerdings sehr sensitiv (empfindlich) auf kleinste Abwei-chungen von Variablen in der Aus-gangslage (sog. sensitive Ab-hängigkeiten), indem diese kleins-ten Unterschiede der Anfangsbe-dingungen im Zeitablauf ein völlig verschiedenes Systemverhalten hervorrufen können.

Civic Governance. Governance-Ansatz aus den USA, der versucht, die Zersiedelung zu bekämpfen und mit aktiver Einbindung der Bürger konsensfähige Regulierun-gen und Entwicklungspläne für städtische Regionen zu verwirkli-chen.

Cluster. Engl. für: Bündel, Anhäu-fung.

1. Unternehmensnetzwerke, die Synergien und Kooperationsmög-lichkeiten zwischen Unternehmen verschiedener Branchen und Wirt-schaftsklassen (z.B. Beratungsfir-men, Betreibern, Finanziers, Uni-versitäten und Institutionen) ge-winnbringend nutzen. Die jeweili-gen C. werden dabei meist nach jener Branche benannt, die in dem ↗ Netzwerk dominiert: zB Auto-mobilcluster, Holzcluster, Skiclus-ter etc. C. umfassen auch zulie-fernde Unternehmen anderer Branchen sowie im thematischen Umfeld operierende Forschungs-zentren und Bildungseinrichtun-gen. Ziel ist die Steigerung der Konkurrenzfähigkeit ganzer Regi-onen, da verstärkt in globalen Zu-

sammenhängen gedacht werden muss.

2. Im Zusammenhang mit multivariaten Analysemethoden wird versucht, eine vorgegebene Menge von Objekten, die auf Basis metrisch- und/oder nicht metrischskalierter Variablen beschrieben sind, so zu Gruppen (Clusters) zusammenzufassen, dass sich die Objekte innerhalb einer Gruppe möglichst ähnlich sind. Demgegenüber sollen die Gruppen untereinander möglichst unähnlich sein.

Code. Systemtheoretisches Ordnungsprinzip bzw. Strukturprinzip, das Elemente selektioniert (auswählt), relationiert (in Beziehung zueinander setzt) und steuert.

Community of Practice. Kurz: CoP. CoPs sind Gemeinschaften von Praktikern, die sich informell zusammenschließen und mit Hilfe ihrer Expertise und Begeisterung für ein Wissensgebiet gemeinsam an Problemlösungen arbeiten. Im Mittelpunkt solcher CoPs steht der Austausch von Erfahrungen und Kenntnissen. Es entsteht in solchen Gruppen eine gemeinsame Sprache und Praxis sowie ein gemeinsames Verständnis. In CoPs wird ↗ implizites Wissen als Grundlage von Innovationen und Verbesserungen in Organisationen geschaffen.

Communitarian Governance. Governance-Ansatz aus den USA. Betrachtet die sozial-räumliche Absonderung gesellschaftlicher Schichten und versucht auf politischem Wege eine Umverteilung zu erreichen.

Community of Interest. Kurz COI. Zielgruppe, Gruppe von Interessenten.

Compliance. Engl. für: Regelkonformität. Erfüllung von Verhaltensregeln durch eine Organisation. Diese Regeln können intern (zB konzerninterne Richtlinien) oder extern sein (extern und verpflichtend: zB Gesetze, Verordnungen; extern und freiwillig: zB Unterwerfung unter ↗ Corporate Governance Kodizes). Kernbereiche einer effektiven C.-Organisation sind die Identifikation von Risiken, ein internes Informationssystem und Kontrollsystem sowie ein internes und externes Kommunikationssystem.

Composite Actor. ↗ Akteur, der aus mehreren Akteuren zusammengesetzt ist, korporativer Akteur. Im Wesentlichen fallen darunter formale ↗ Organisationen. Es ist sogar möglich, dass ein C. A. aus mehreren C. A. zusammengesetzt ist, beispielsweise ein Bundesstaat aus mehreren Ländern oder ein Konzern aus mehreren Tochtergesellschaften. Ein C. A. tritt als ein System, als Handlungseinheit in Erscheinung. Damit dies möglich ist, benötigt ein C. A. Steuerungs- und Willensbildungsmechanismen (↗ Governance).

Conglomerate Discount. Engl. für: Konglomeratsabschlag. ↗ Corporate Discount.

Conglomerate Surplus. Engl. für: Konglomeratsaufschlag. ↗ Corporate Surplus.

Constraint. Engl. für: Einschränkung. Sachzwänge, die die Handlungsmöglichkeiten bei der Entscheidungsfindung oder bei der Durchführung einer Maßnahme beschränken. Man unterscheidet ↗ endogene und ↗ exogene Constraints.

Continous improvement. Ständiger Verbesserungsprozess in allen Bereichen eines Unternehmens bzw. in der öffentlichen Verwaltung. Deutsche Bezeichnung: Kontinuierlicher Verbesserungsprozess, kurz: KVP. Dazu gehört bei-

spielsweise auch das betriebliche Vorschlagswesen, im Rahmen dessen Mitarbeiter Verbesserungsvorschläge sammeln, welche zum organisationalen Lernen des Unternehmens oder der Institution beitragen sollen. Eng verknüpft ist der Begriff auch mit dem ↗ Qualitätsmanagement.

Contract. Engl. für: Kontrakt, verbindliche Abmachung.

1. Standardisierte Mengeneinheit einer bestimmten Ware, die durch zusätzliche Qualitätserforderisse genauer spezifiziert wird.

2. Vertrag bzw. Leistungsvereinbarung im öffentlichen Sektor zwischen Leistungserbringer (zB Universität) und Leistungsfinanzierer (zB Wissenschaftsministerium) als Bestandteil des ↗ New Public Management.

Contracting in. Arbeiten mit Kontrakten (Verträgen) in der öffentlichen Verwaltung. Vertraglich gebundene Übernahme einer Leistung, die bisher ausgegliedert war, dh nicht im eigenen Betrieb bzw. in der eigenen Organisation erstellt wurde.

Contracting out. Vertraglich gebundene Ausgliederung von Leistungen, dh eine bestimmte Leistung wird von einem anderen Betrieb bzw. einer anderen Organisation erstellt (Outsourcing).

Core Business. Engl. für: Kerngeschäft bzw. Hauptaufgabe(n) einer Organisation.

Corporate Capabilities. Engl. für: Fähigkeiten auf der Ebene des Gesamtunternehmens bzw. auf der Ebene der gesamten Organisation. Diese C. C. sind die Basis von Synergien. Dazu gehören das Wissen und die Handlungen des strategischen Managements.

Corporate Discount. Negative Differenz zwischen dem Wert des Gesamtunternehmens (Konzerns) und der Summe der Werte der einzelnen Unternehmensteile. Ein C. D. bedeutet, dass das gesamte Unternehmen billiger ist als seine Einzelteile. Man kann hier von negativen Synergien der einzelnen Geschäftsfelder sprechen. Andere Bez.: Conglomerate Discount, Diversification Discount, Konglomeratsabschlag). Gegenteil: ↗ Corporate Surplus.

Corporate Governance. Einhaltung und Umsetzung von Grundsätzen und Regeln, die die Unternehmensführung, die Organisation, das unternehmerisches Verhal-

ten und die Transparenz betreffen. C. G. ist oft einseitig an den Interessen der Aktionäre orientiert, obwohl die Mehrdimensionalität der Ziele und die Verschiedenheit der Interessengruppen stärker berücksichtigt werden sollten. Der Grundsatz der C. G. sollte lauten: Was ist das Beste für das Unternehmen? C. G. geht über die Erfüllung von gesetzlichen Bestimmungen hinaus und stellt vielmehr auch ein Führungsinstrument und eine Unternehmensphilosophie dar. Im Vordergrund steht zwar die interne Governance (Beziehungen zwischen Aktionären, Aufsichtsrat und Vorstand), jedoch hat zusätzlich die externe Governance durch Rechtsnormen und Kontrollorgane einen großen Einfluss auf die C. G. Um internationale Investoren zufrieden zu stellen und die Kapitalmärkte zu stärken, haben sich beinahe alle Staaten mit entwickelten Volkswirtschaften dazu entschlossen, Corporate Governance Kodizes zu schaffen. ↗ C. G. Kodex.

Corporate Governance Kodex. Festschreibung von Grundsätzen guter Unternehmensführung, um das Vertrauen der Investoren zu stärken. Die Einhaltung des C. G. K. ist zwar freiwillig, jedoch wird diese von börsennotierten Aktiengesellschaften allgemein erwartet. Es findet eine ständige Weiterentwicklung von C. G. Kodizes statt, die auf die laufende Veränderung von EU-Richtlinien, Rechnungslegungsstandards, Gesetzen und Praxiserfahrungen Rücksicht nimmt.

Der *Österreichische Corporate Governance Kodex* wurde 2002 geschaffen. Er beinhaltet drei Regelkategorien:

1. Legal Requirement: Die Regel bezieht sich auf zwingende Rechtsvorschriften.

2. Comply or Explain: Eine Abweichung von der Regel muss begründet werden.

3. Recommendation: Die Regel hat reinen Empfehlungscharakter.

Gegliedert ist der Österreichische Corporate Governance Kodex in folgende Teilbereiche:

Aktionäre und Hauptversammlung, Zusammenwirken von Aufsichtsrat und Vorstand, Vorstand (Kompetenzen und Verantwortungen, Interessenskonflikte und Eigengeschäfte, Vergütung des Vorstands), Aufsichtsrat (Kompetenzen und Verantwortungen des Aufsichtsrats, Bestellung des Vorstands, Ausschüsse, Interessenskonflikte und Eigengeschäfte, Vergütung, Qualifikation und Zusammensetzung des Aufsichtsrats, Mitbestimmung), Transparenz und Prüfung (Transparenz der Corporate Governance, Rechnungslegung und Publizität, Investor Relations und Internet, Abschlussprüfung).

Corporate Premium. Differenz zwischen dem Wert der Synergien innerhalb des eigenen Konzerns und dem Wert der Synergien eines konkurrierenden Konzerns.

Corporate Social Responsibility. Abgekürzt: CSR. Strategische Entwicklung der Wahrnehmung der sozialen, gesellschaftlichen Verantwortung einer Organisation. CSR ist ein mittel- bis langfristiges Instrument, um sich innerhalb verschiedener Interessengruppen oder innerhalb eines Standorts der Organisation erfolgreich zu positionieren. Da CSR die soziale Verantwortung und nicht die Gewinnmaximierung in den Vordergrund stellt, verfolgt sie auf Unternehmens- bzw. Organisationsebene gleiche Ziele wie die ↗ Gemeinwohlökonomie auf gesamtwirtschaftlicher Ebene.

Corporate Surplus. Nettomehrwert einer diversifizierten Organisation aufgrund von Synergien. In diesem Fall liegt eine positive Differenz zwischen dem Wert des Gesamtunternehmens (Konzerns) und den Werten seiner Unternehmensteile vor. Andere Bez.: Conglomerate Surplus, Diversification Surplus, Konglomeratsaufschlag. Gegenteil: ↗ Corporate Discount.

Corporate Strategy. ↗ Strategie für die gesamte Organisation, welche durch die oberste Führungsebene formuliert wird. Dazu gehören langfristige Konzepte, die Konfiguration eines Portfolios der Geschäftsbereiche, deren Koordination sowie die Realisierung von Synergien. ↗ Strategische Organisationseinheit

Creative Governance. Governance-Ansatz aus den USA, der auf den Standortwettbewerb und Synergien zwischen privaten und öffentlichen Akteuren fokussiert ist. Innovationen in und Imagebildung von bestimmten Regionen oder Orten stehen dabei im Vordergrund.

Credo. Philosophie, Mission, Vision bzw. das daraus resultierende Leitbild einer Organisation.

CSR. ↗ Corporate Social Responsibility.

Customizing. Anpassung einer generellen Problemlösung an spezifische Kundenwünsche und lokale Gegebenheiten.

D

Data mining. Beschaffung von Informationen aus bereits vorhandenen internen und externen Daten. Ähnliche Begriffe: Sekundärforschung oder Schreibtischforschung.

Deficit spending. Begriff aus der Krisengovernance in der Wirtschaftspolitik: Strategie der Nachfragesteuerung zur Konjunkturbelebung, wobei zusätzliche Ausgaben des Staates für Güter und Dienste über Staatsverschuldung finanziert werden. Dadurch soll ausgabenseitig ein möglichst großer Multiplikatoreffekt, einnahmenseitig aber kein Kaufkraftentzugseffekt entstehen. Bei Inlandsverschuldung und konstanter Geldmenge können allerdings indirekt über Liquiditätsentzugseffekte auch Kaufkraftentzugseffekte auftreten.

Deliberation. Abwägung, Beratschlagung, Überlegung. Als D. kann der gedankliche Abwägungsprozess vor einer politischen Entscheidung verstanden werden. Der Prozess der D. findet nicht nur vor einer individuellen Wahlentscheidung, sondern auch kollektiv in Gremien statt. D. als Governancemechanismus geht von einer verhandlungsorientierten Problemlösungskultur aus. Dabei steht der Diskurs und nicht die Hierarchie als Steuerungsmechanismus im Vordergrund. Deliberative Entscheidungen sind oft schwer vorhersehbar, da Einschätzungen und Präferenzen der Teilnehmer des Diskurses sich im Verhandlungsprozess wandeln können.

Deliberativstimme. Beratende Stimme in einem Kollegialorgan. Gegenteil: Dezisivstimme.

Delphi-Methode. Umfragemethode, die systematisch die Meinungen und Erwartungen von Experten durch mehrfache Interviews erfasst. Die gewonnen Informationen werden zur weiteren Stellungnahme vorgelegt. Die befragten Personen werden aufgefordert, ihr ursprüngliches Urteil aufgrund der zusätzlichen Informationen zu überprüfen. Man erwartet durch die Anwendung der D. eine Konvergenz der Einzelurteile zwischen den Befragungsrunden und nimmt an, dass das Gruppenurteil dem tatsächlich richtigen Urteil näher liegt als ein Einzelurteil.

Dezisivstimme. Stimme in einem Gremium (Kollegialorgan), die nicht nur beratend (↗ Deliberativstimme), sondern mitentscheidend ist.

Diffusion. Lat.: diffundere (verstreuen, ausbreiten, ausgießen). Verbreitungsprozess. Im Innovationsmanagement und in der Governancetheorie: Prozess, durch den Innovationen mit Hilfe bestimmter Informationskanäle innerhalb einer bestimmten Zeit zwischen Mitgliedern eines sozialen Systems verbreitet werden (vgl. Rogers 2003, S. 5). ↗ Entropie (hier im Sinne einer regelmäßigen oder unregelmäßigen Verbreitung der Innovation).

Diskretionäre Wirtschaftspolitik. Dabei handelt es sich um ad-hoc-Maßnahmen zur Beeinflussung wirtschaftlicher Prozesse im Gegensatz zu Regelmechanismen.

Diskriminanzanalyse. Statistische multivariate Analysemethode. Die D. untersucht Kategorien von abhängigen Variablen und fragt danach, durch welche Kombination der unabhängigen Variablen eine bestmögliche Trennung dieser Gruppen möglich ist. Dadurch kann ermittelt werden, ob sich die a priori festgelegten Gruppen bezüglich der unabhängigen Variablen signifikant unterscheiden und welches Gewicht diesen Variablen bei der Trennung nach den Kategorien der abhängigen Variablen zukommt.

Dissipatives System. Offenes System, in dem kein Gleichgewicht herrscht. Die Ordnung im System wird durch Fluktuation hergestellt.

Downsizing. Reduzierung der Größe und des Umfanges einer Organisation, um kleinere und flexiblere Einheiten zu schaffen.

Downstream. Unternehmen bzw. wirtschaftliche Tätigkeiten am Ende der Wertschöpfungskette, also im konsumnahen Bereich. Gegenteil: ↗ Upstream.

Drift. 1. Abweichung bzw. Auseinanderstreben von zwei Größen.

2. Abwanderung, zB brain drift.

3. Phänomen in der Soziologie: D. stellt ein Gemeinschaftsversagen dar, indem sich die Mitglieder der Gemeinschaft durch ihre Autonomie, ihre individuellen Identitäten sowie die Mitgliedschaft in anderen Gemeinschaften voneinander weg entwickeln können. Diese Tendenz kann bis zu einer existenzbedrohenden Situation, Spaltung oder zur Auflösung der Gemeinschaft führen. Häufig wird D. durch eine schwache Governance bzw. durch Vernachlässigung institutioneller Elemente innerhalb der Gemeinschaft hervorgerufen oder begünstigt.

Due diligence. Engl. für: Gebührende Sorgfalt. Begriff der ↗ Corporate Governance, der vor allem im Zusammenhang mit der Abwicklung von Großprojekten (zB bei Fusionen) verwendet wird. Gründliche Prüfung der wirtschaftlichen und finanziellen Situation eines Unternehmens.

Durchsatz. Dieser Begriff beschreibt die Menge an Ressourcen (zB Energie und Material), die ein System durchläuft. Begriffswelt der technischen Governance: Gemäß dem zweiten Gesetz der Thermodynamik geht ein hoher D. mit hohen Energieverlusten einher. Daher ist ein solches System ineffizient.

E

Economies of re-use. Produktivitätsgewinn durch Wiederverwendung. Lautet das Ziel bei der Implementierung eines ↗ Wissensmanagement-Systems „Wiederverwendung von Wissen" und sind standardisierte Abläufe gegeben, sollte das Schwergewicht auf der Dokumentation von ↗ Wissen liegen. Experten (Produzenten) und Nutzer (Konsumenten) des Wissensmanagementsystems sollten die dokumentierten Inhalte und die Art der Dokumentation einvernehmlich festlegen.

Economies of scale. Engl. für: Skaleneffekte. Kosteneinsparungen, die aus einem bestimmten Produktionsumfang (einer bestimmten Betriebs- oder Losgröße) resultieren. Andere Bezeichnungen: Größenvorteile.

Economies of scope. Engl. für: Verbundeffekte. Sie entstehen dann, wenn ein Unternehmen ein Bündel von Produkten kostengünstiger produzieren kann als andere Unternehmen, die jeweils nur ein einzelnes Produkt erzeugen. Andere Bezeichnungen: Verbundvorteile, Synergieeffekte.

Effektivität. Erfolg bei einer Leistungserbringung hinsichtlich der Optimierung der Ergebnisse und Wirkungen. Messgröße für die Effektivität ist der Grad der Zielerreichung. E. bedeutet, die richtigen Dinge zu tun. Es geht um die Fragen: Welche Wirkungen hat ein bestimmtes Handeln und was kommt dabei heraus?

Effizienz. Erfolg bei einer Leistungserbringung hinsichtlich der Optimierung der Prozesse. Wirtschaftlichkeit einer Organisation bzw. ihrer Leistungen. In Geld ausgedrücktes Verhältnis von Leistung (Output) und Ressourceneinsatz (Input). Bei E. geht es um die Frage: Wie (zB wie sparsam, wie wirtschaftlich, wie rasch) wird etwas gemacht?

Eisbergeffekte. Bei der Inangriffnahme eines Projektes ist zunächst – wie bei einem Eisberg – nur ein Teil der Kosten sichtbar. Folgekosten und Folgelasten, die mit dem Projekt in den Folgejahren verbunden sind, werden erst später berücksichtigt. Bisweilen werden die Folgekosten und Folgelasten bewusst vernachlässigt bzw. niedrig angesetzt, um ein Projekt durchzusetzen.

Emergenz. Schlagartiges Hervortreten von Eigenschaften eines komplexen Systems, welche seine Elemente nicht aufweisen. Beispiel: Ein Gehirn besteht aus Nervenzellen, welche kein Bewusstsein haben – das menschliche Gehirn entwickelt jedoch durch E. ein Bewusstsein. Die Tatsache, dass das Ganze mehr als die Summe seiner Teile darstellt, erkannte bereits Aristoteles. Konrad Lorenz bezeichnete dieses Phänomen als Fulguration. Andere Bezeichnung: Übersummativität.

Empowerment. Engl. für: Ermächtigung. Durch E. sollen Bürger zu autonomem und selbstbestimmtem Handeln ermächtigt werden. Im Sinne der ↗ Local und ↗ Regional Governance und des ↗ New Public Managements werden durch E. Mechanismen und Möglichkeiten für ↗ Akteure geschaffen, um Probleme effizient und effektiv mit Hilfe von Eigeninitiative zu lösen, damit diese möglichst nicht mehr öffentlichen Einrichtungen zur Last fallen. Eine negative Sicht von E. konstatiert die Gefahr der Abwälzung von Problemen der öffentlichen Hand (zB des Bundes) auf die Bürger bzw. untergeordnete Körperschaften (wie Gemeinden).

Endogene Größen. Größen, die von anderen Größen beeinflusst (bewirkt, induziert, verursacht) werden.

Endogene Variable. Die von anderen Einflussfaktoren abhängigen Variablen in einem Modell.

Entrepreneurial competition. Engl., wörtlich: unternehmerischer Wettbewerb. Im übertragenen Sinne im Bereich der Governance: Wettbewerbsmechanismus in der Politik, wobei politische Akteure versuchen, eine möglichst breite Zustimmung für ihre politischen Ideen bzw. Angebote zu gewinnen. Politische Entscheidungsträger versuchen dabei, den Wählerwillen vorweg einzuschätzen und ihre Inhalte entsprechend zu gestalten. Gelingt das nicht, müssen sie diese modifizieren und anpassen. Diese Form des politischen Wettbewerbs ist mit dem Wettbewerb zwischen Unternehmen auf Märkten vergleichbar. Der Unterschied besteht jedoch darin, dass politische Parteien aufgrund der Notwendigkeit von Koalitionsbildungen nicht nur kompetitiv, sondern auch kooperativ agieren müssen.

Entropie. Gegenteil: Negentropie. Systemtheoretischer Begriff, der die absolute Komplexität, das Cha-

os oder die Gleichwahrscheinlich-
keit aller möglichen Verbindungen
von Elementen bedeutet. Ein System unterscheidet sich von diesem
Urstoff, dem Chaos, indem es weniger Elemente als der Urstoff ent-
hält. Die Elemente des Systems
sind außerdem im Gegensatz zur
Entropie geordnet. Das System negiert also die Entropie. Im System
herrscht daher Negentropie, was
einhergeht mit der Reduktion von
Komplexität (vgl. Krieger 1998, S.
14). Systeme mit maximaler Entropie können sich aus eigener
Kraft nicht mehr verändern (vgl.
Bertalanffy 1976). ↗ Gleichgewicht.

In den Sozialwissenschaften wird
der Begriff E. als Informations-
mangel oder Unordnung verstanden.

↗ Diffusion führt zur Erhöhung
der E. Werden beispielsweise Teilchen unregelmäßig in einem Raum
verbreitet ("Chaos"), ist die E. hö-
her, als wenn sich die Teilchen
mehr oder weniger geordnet in
einem Teil des Raumes befinden
(niedrige E.).

Entscheidungsbaum. Schaubild,
das die potentielle Abfolge von
Entscheidungen und die damit

verbundenen Konsequenzen darstellt.

Etat. Der verbindliche Finanzplan
einer Gebietskörperschaft (Bund,
Länder, Gemeinden) für ein Jahr.

Etatismus. Staatliche Organe tref-
fen gesellschafts- und/oder wirtschaftspolitische Entscheidungen
ohne Berücksichtigung anderer
gesellschaftlicher Institutionen –
oft auf deren Kosten.

Evaluation. E. bedeutet Bewertung, vor allem von Leistungen,
eines Konzepts, eines Untersu-
chungsplans oder der Implementierung von Maßnahmen und deren Wirksamkeit bei Reformvor-
haben. Die Durchführung der E.
hat systematisch unter Anwendung empirischer Forschungsme-
thoden zu geschehen. Die E. der E.
bezeichnet man als Meta-E. Andere Bez.: Evaluierung.

Examples of good practice. Fall-
beispiele bzw. Fallstudien aus der
Praxis, die als Musterbeispiele
oder Anregungen dienen sollen.
Das Problem besteht jedoch in der
Regel darin, dass sich solche Musterbeispiele nicht zwingend auf
andere Institutionen oder Kultur-
kreise übertragen lassen, empi-
risch nicht abgesichert und des-

halb streng genommen unwissenschaftlich (empirizistisch) sind. Daher können Examples of good practice eher als unverbindliche Ideen oder Anregungen dienen, denn als wirkliche normative Handlungskonzepte.

Ex-ante-Steuerung. Form der ↗ Steuerung von ↗ Organisationen durch planerische Detailvorgaben für die Zukunft und Regulierung der ↗ Input-Größen. Durch Festlegung der Menge der Produktionsfaktoren, die einer ↗ Organisation zur Verfügung stehen, sowie durch genaue Anweisungen und Vorschriften versucht man die Leistungen bzw. den Ausstoß (↗ Output) dieser Organisation im Vorhinein (ex ante) zu determinieren. Die zu Grunde liegende Sichtweise entspricht dem klassischen Bürokratiemodell, das hierarchisch-autoritär und zentralistisch agiert. Problem: Hoher Input bedeutet nicht qualitativ hochwertigen und ausreichenden Output; Detailvorschriften machen Organisationen starr und unflexibel. Das Bürokratiemodell wird in der öffentlichen Verwaltung zunehmend durch ↗ NPM abgelöst, das sich der ↗ ex-post-Steuerung bedient.

Executive Summary. Kurzfassung einer Stellungnahme, eines Gutachtens, einer wissenschaftlichen Untersuchung etc. für das Management.

Exit poll. Befragung von Wählern nach der Wahl (meist bei Verlassen des Wahllokals).

Exogene Variable. Die unabhängigen Größen in einem Modell. Gegenteil: ↗ endogene Variable.

Explizites Wissen. E. W. ist aussprechbares, bewusstes, formuliertes, in der Regel in Form von Zahlen, Texten und Bildern dokumentiertes ↗ Wissen. E. W. ist an intellektuelle Erfahrung gebunden und durch Kommunikation in einer gemeinsamen Sprache relativ leicht übertragbar. Gegensatz: ↗ implizites Wissen.

Ex-post-Größen. Tatsächlich eingetretene Größen. Sind teilweise geplant (zB bestimmte Lagerbestände am Ende einer Periode) und teilweise ungeplant (zB wider Erwarten nicht verkaufte Produkte am Ende einer Periode).

Ex-post-Steuerung. Form der ↗ Steuerung von ↗ Organisationen durch Rahmen- und Zielvorgaben bzw. Vereinbarungen für die Zukunft auf Basis von Daten aus der

Vergangenheit (Rechenschaftsberichte, ↗ Wissensbilanzen etc.). Orientierung an ↗ Output-Größen. Gegensatz: ↗ ex-ante-Steuerung.

Externe Effekte. Man unterscheidet positive oder negative externe Effekte. E. E. sind Wirkungen, bei denen Verursacher und Betroffene nicht übereinstimmen. E. E. treten dann auf, wenn jemand aus dem Gebrauch (Konsum, Produktion) einer Sache Nutzen zieht, ohne dass er dafür bezahlen muss (externer Nutzen), oder wenn jemand einem anderen Kosten verursacht, ohne dass der dafür aufkommen muss (externe Kosten).

F

Faktorenanalyse. Statistische multivariate Analysemethode. Es erfolgt eine Reduzierung von hoch korrelierten Ausgangsdaten auf einige wenige unabhängige Faktoren. Durch die F. sollen zwischen den Variablen bestehende Kausalzusammenhänge aufgedeckt und die Ausgangsvariablen auf diese Ursachen (Faktoren) zurückgeführt werden.

Faktorkosten. Kosten, die mit dem Einsatz von Produktionsfaktoren verbunden sind.

Faktormobilität. Beweglichkeit der Produktionsfaktoren, zB die Bereitschaft und Fähigkeit von Arbeitnehmern, ihren Beruf, Wirtschaftszweig oder Wohnort zu ändern oder von Besitzern von Land und Kapital ihre Ressourcen anderen Verwendungszwecken zu widmen.

Feasibility study. Begriff aus dem Consulting: Untersuchung, durch welche die Machbarkeit von Projekten überprüft werden soll. Es ist – auf den kürzesten Nenner gebracht – ein gedankliches Experimentieren mit den Faktoren Ressourcen, Zeit und Raum, um die grundsätzliche Durchführbarkeit eines Vorhabens festzustellen. Andere Bez.: Machbarkeitsstudie.

Feedback. Engl. für: Rückmeldung, Rückkoppelung.

1. Kommunikationstheorie: Die als Rückmeldung zum Kommunikator zurückgehende Reaktion („Antwort") des Rezipienten auf eine empfangene Aussage. Diese Rückmeldung kann das Aussageverhalten des Kommunikators beeinflussen und verändern.

2. Netzwerktheorie: Die Rückführung von Signalen vom Ausgang zum Eingang, sei es im Sinne einer

positiven Rückkoppelung (zur Verbesserung der Verstärkungseigenschaften, Entzerrung usw.) oder einer negativen Rückkoppelung.

Fehlertolerantes System. Ein ↗ System, das auch mit einer begrenzten Anzahl fehlerhafter Subsysteme seine spezifizierte Funktion erfüllt oder fähig ist, Fehler selbst zu erkennen, zu lokalisieren, auszugleichen und somit den Fortbestand des Systems zu sichern. ↗ Resilienz.

Feldforschung. Engl.: field research. Erhebung von empirischen Fakten mit Hilfe von Hypothesen. F. ist vielfach die Voraussetzung für ↗ Strukturforschung und Strukturbeeinflussung.

Finanzausgleich. Regelung der finanziellen Beziehungen zwischen den Gebietskörperschaften. Verteilung der öffentlichen Aufgaben, Einnahmen und Ausgaben.

Fiscal Drag. Engl. für: fiskalische Bremse. Begriff aus der wirtschaftspolitischen Krisengovernance. Bei besonders stark wirksamen eingebauten Stabilisatoren in der Aufschwungphase (zB hohe Aufkommenselastizität bei lohn- und gewinnabhängigen Steuern)

kann es zur Wirkung des sog. F. D. kommen: Die Stabilisatoren setzen in ihrer antizyklischen Wirkung zu früh ein und wirken schon im Aufschwung (vor Erreichen der Vollbeschäftigung) als „fiskalische Bremse" und verhindern oder verzögern eine weitere Expansion. Diese Wirkung des F. auf der Einnahmenseite kann durch ein entsprechendes Ausgabeverhalten allerdings kompensiert werden.

Fiskalpolitik. Aus dem Englischen stammender Sammelbegriff für die Steuer- und Budgetpolitik, insbesondere mit Bezug auf deren konjunktur-, stabilitäts-, beschäftigungs- und wachstumspolitischen Einsatz.

Fiskus. Öffentliche Gebietskörperschaften (Bund, Länder, Gemeinden), die Abgaben (Steuern, Beiträge, Gebühren) einheben.

Flow chart. ↗ Ablaufdiagramm.

Fluktuation. Schwankungen von Systemelementen, die zu einer Instabilität führen können.

Fluktuationsarbeitslosigkeit. Arbeitslosigkeit, die in einem kaum vermeidbaren Mindestmaß daraus entsteht, dass selbst bei allgemeiner Vollbeschäftigung Arbeitskräfte, die gekündigt wurden (oder haben) nicht gleich am nächsten Tag in einem anderen Betrieb anfangen können. Ursache von Friktionen kann insbesondere der Umstand sein, dass die Qualifikation der Arbeitssuchenden nicht mit den Markterfordernissen übereinstimmt. Dies gilt insbesondere für Akademikerarbeitsmärkte. Einen Hinweis auf das Bestehen von F. (verursacht durch regionale und berufliche Mobilitätshemmnisse) bildet das Nebeneinander von offenen Stellen und vorgemerkten Stellensuchenden.

FOCJ. Functional Overlapping Competing Jurisdictions. Governance-Modell von Bruno S. Frey, wonach nicht nur ein Wettbewerb zwischen privaten und öffentlichen Anbietern einer Leistung herrscht, sondern auch ein Wettbewerb zwischen Gebietskörperschaften. Territorial überlappende Zweckverbände stehen miteinander im Wettbewerb um Mitglieder (Bürger), da die Mitgliedschaft dort freiwillig und kündbar ist. Dieses Modell soll die effiziente Aufgabenerfüllung durch öffentliche Körperschaften sicherstellen.

Föderalismus. Staatsrechtlicher Begriff. Als F. bezeichnet man die Tendenz, bei der Gestaltung eines Bundesstaates, die Rechte der Länder, Regionen oder Kantonen gegenüber dem Bund stärker zu betonen. F. läuft auf eine Dezentralisierung der staatlichen Macht hinaus und damit auch auf mehr Selbstverantwortung in der Aufgabenerfüllung.

Föderalistisches System. Bez. für eine Staatsorganisation, bei der neben der zentralen Ebene (zB der Bundesebene) eine mittlere (zB die Bundesländer) und eine untere Ebene (Gemeinden) bestehen und diese jeweils mit bestimmten Hoheitsfunktionen ausgestattet sind. Der Begriff bezeichnet auch den Grad an Zentralität bzw. Dezentralität innerhalb eines Staatsaufbaues.

Folgekosten. Allgemein: Kosten, die sich in der Zukunft durch eine in der Vergangenheit getroffene Entscheidung ergeben. Speziell:

1. Kosten, die im Zuge des Vollzuges einer Rechtsvorschrift in der Verwaltung oder Gerichtsbarkeit anfallen (Vollzugskosten). Dazu kommen noch die Kosten für jene Leistungen, die vom Staat an die durch das Gesetz Begünstigten zu erbringen sind (Nominalkosten).

2. Kosten, die bei den betroffenen Haushalten und Unternehmen infolge von Arbeiten für den Fiskus anfallen.

3. Kosten, die im Zusammenhang mit öffentlichen Investitionen – vor allem bei Bauobjekten – mehr oder minder zwangsläufig anfallen und bei denen man zwischen Folgekosten und Folgelasten (Betriebskosten) unterscheidet.

Follow-up. Allgemein: Prozess, der die Weiterverfolgung von gesetzten Zielen sichert. Speziell:

1. In der Politikwissenschaft: Prozess der Spezifizierung, Konkretisierung und Implementierung von politischen Deklarationen. Beispiel: Das Follow-up der Bologna-Deklaration in der Hochschulgovernance.

2. Im Marketing: Nachfasswerbung; zB abgestimmte Inserate in einer Zeitung hintereinander, aber auch eine zweite Werbeaktion, die die Werbeappelle der ersten Aktion noch einmal in Erinnerung bringt.

3. In der Forschung: Datenmäßige Aktualisierung einer wissenschaftlichen Untersuchung.

Forschungskoeffizient. Anteil der Forschungsausgaben einer Unternehmung oder einer Branche am jeweiligen Gesamtumsatz in Prozent.

Fraktale Unternehmen. Unternehmen, die nach dem Prinzip der ↗ Selbstorganisation funktionieren. Sie bestehen aus selbständigen Unternehmenseinheiten, die sich selbst organisieren und zur Erreichung der Ziele des Unternehmens als Ganzes beitragen.

Freedom Index. Index, mit dessen Hilfe die Wettbewerbsfähigkeit eines Landes beschrieben werden soll. Beispiel: Economic Freedom of the World – Annual Report (Herausgeber: Fraser Institute).

Freeways. Freier Zugang zur Infrastruktur der Mitgliedsländer in der EU (zB zum Schienennetz, Stromnetz etc.). Andere Bez.: Third party access.

Friktionsarbeitslosigkeit. ↗ Fluktuationsarbeitslosigkeit.

Fringe benefits. Zusätzliche Leistungen des Arbeitgebers neben dem Lohn bzw. Gehalt zur Motivation von Arbeitnehmern, vor allem des Top-Managements. Dazu gehören zB Dienstwohnungen, spezielle Pensionsvereinbarungen,

Dienstautos, die auch privat genutzt werden können etc.

Fulguration. ↗ Emergenz.

Fuzzylogik. Wörtlich übersetzt: „unscharfe Logik".

1. Versucht in unpräziser Form vorliegendes, menschliches Wissen (Faustregeln erworben aus Erfahrung) nutzbar zu machen.

2. Steuerung technischer Geräte und die Regelung industrieller Prozesse. Es gibt bereits gut funktionierende F. Systeme in der Regelungstechnik (zB Temperaturregelung bei Klimaanlagen oder Glasschmelzen) und in der Fahrzeugtechnik (zB Fahrt- und Bremsregelung in U-Bahnen). Zahllose Konsumartikel (Fernsehgeräte, Waschmaschinen, Staubsauger usw.) erbringen auf Grund ihrer „fuzzy controller" flexiblere Leistungen. Dies funktioniert mit Hilfe von mathematischen Systemen, die anstelle der klassischen Binärlogik (richtig oder falsch, wahr oder unwahr, 0 oder 1) eine differenzierte Beurteilung von Sachverhalten aufgrund von Näherungsaussagen ermöglichen.

G

Gemeinschaft. Governance-Form, in der sich Normen durch praktisches Handeln miteinander verbundener Akteure laufend herausbilden, in der diese erprobt oder auch verworfen werden. Die G. ist also eine dynamische Form der Governance, die allerdings stärker institutionalisiert ist als das lose ↗ Netzwerk.

Gemeinwohlökonomie. Ein gesamtwirtschaftlicher Ansatz, der die Abkehr von der bedingungslosen Gewinnmaximierung (v. a. der Großkonzerne) fordert und für eine stärkere soziale Orientierung sowie für mehr Nachhaltigkeit in der Wirtschaft eintritt, indem er den Menschen in den Mittelpunkt des Wirtschaftens stellt. ↗ Corporate Social Responsibility.

Gefangenendilemma. Problem der Divergenz zwischen individueller und kollektiver Rationalität. Es wird das individuell rationale Verhalten von zwei Entscheidungsträgern untersucht, deren Entscheidung jeweils nicht nur isolierte Auswirkungen auf sich selbst hat (interne Effekte), sondern auch den anderen tangiert (externe Effekte). Zwei Gefangene überlegen, ob sie im Hinblick auf ein mögliches Geständnis oder Teilgeständnis kooperieren oder den egoistischen eigenen Vorteil suchen sollen. Das G. wird herangezogen, um Entscheidungsprozesse in sozialen Systemen zu erklären bzw. zu prognostizieren.

Gleichgewicht. Zentraler Begriff der Allgemeinen Systemtheorie von ↗ Bertalanffy (1949 und 1976), der in vier Arten des G. unterteilt werden kann:

1. Dynamisches G.: Überbegriff für echtes G. und Fließgleichgewicht.

2. Echtes G.: Geschlossene Systeme, welche weder Energie noch Materie mit ihrer Umwelt austauschen, gelangen zum echten G. Das echte G. entspricht dem Zustand der maximalen ↗ Entropie.

3. Fließgleichgewicht: Offene Systeme, die Energie oder Materie mit ihrer Umwelt austauschen, gelangen zum Fließgleichgewicht. Dabei wird eine Größe durch primäre Regulation (beruhend auf einfachen Prinzipien der Thermodynamik und Kinetik) stabil gehalten.

4. Homöostatisches G.: Fließgleichgewicht, das durch die komplexere, sekundäre Regulation hergestellt wird. Dazu muss das System Informationsverarbeitung betreiben. ↗ Homöostase.

Globalbudget. Globale (pauschale) Festlegung der Finanzmittel pro Periode für bestimmte Bereiche der öffentlichen Verwaltung. Dies ermöglicht den betroffenen Institutionen im Rahmen der ↗ Leistungsvereinbarung die Mittelverwendung autonom zu gestalten. Dadurch kann die betreffende operative Einheit nach dem Prinzip der ↗ Selbstorganisation Umschichtungen zwischen den einzelnen Ausgabenarten vornehmen. Das G. soll auf diese Weise betriebswirtschaftlich sinnvolles und flexibles Handeln in der öffentlichen Verwaltung erleichtern. Es ist daher ein Instrument des ↗ New Public Managements.

Global Governance. Steuerung auf globaler Ebene, im Gegensatz zur ↗ International Governance, die sich auf die Koordinationsmodi von drei oder mehr Staaten bezieht.

1. Analytische Dimension: G. G. ist der Rahmen zur Analyse und Erklärung der Formen politischer Steuerung und Koordination im internationalen Kontext.

2. Normative Dimension: G. G. ist ein Ansatz für die Bearbeitung globaler Probleme von zunehmender Komplexität und Interdependenz. Im Spannungsfeld von Staaten und internationalen Organisationen, globalisierter Wirtschaft und Finanzmärkten, Medien und Zivilgesellschaft versucht man eine neue kooperative Form der Problembearbeitung anzuwenden. Die Betroffenen erkennen allmählich, dass punktuelle Interventionen reine Insellösungen bleiben, die keine nachhaltigen Strukturveränderungen bewirken können. G. G. bezieht sich auf Problemfelder vor allem in entwicklungspolitischer, wirtschaftlicher, ökologischer, friedens- und sicherheitspolitischer sowie kultureller Hinsicht (vgl. Messner/Nuscheler 2006, S. 18 ff). Neben den traditionellen Akteuren (Staaten, internationale Organisationen etc.) treten neue Akteure (Nicht-Regierungsorganisationen, Interessensgemeinschaften, Institutionen der Wissensproduktion wie Forschungseinrichtungen, Think-tanks oder Universitäten sowie global agierende Unternehmen) auf. Internationale Organisationen (↗ GOs und ↗ NGOs) messen der G. G. immer größere Bedeutung bei. Die G. G. im normativen Verständnis hängt hinsichtlich ihrer Umsetzung auf verschiedenen Ebenen eng zusammen mit der ↗ Multilevel Governance.

Globalsteuerungsreserve. Budgetanteil bei Vorliegen einer dezentralen Finanzverantwortung, über welchen die dezentrale organisatorische Einheit nur verfügen kann, wenn die zentrale Finanzverwaltung zustimmt. Diese G. ermöglicht es der zentralen Finanzverwaltung, Eingriffe in das dezentrale System vorzunehmen und ein Mindestmaß an direkter Kontrolle auszuüben.

GO. Governmental Organization. öffentlich-rechtliche Einrichtung bzw. Behörde im Gegensatz zu NGO (Non Governmental Organization).

Going Concern. Prinzip bei der Bewertung eines Unternehmens, bei dem von einer Fortführung des Unternehmens ausgegangen wird, im Gegensatz zu einer Situation, in der Konkurs, Zerschlagung oder Liquidation des Unternehmens vorhersehbar sind.

Going Private. Jargonbez. für Umwandlung einer Aktiengesellschaft in eine personenbezogene Kapitalgesellschaft (zB GmbH).

Going Public. Börsengang. Wörtlich übersetzt: Gang an die Öffentlichkeit. Gemeint ist jene Phase im Rahmen der Venture Capital-Finanzierung, in der ein Unternehmen sich über die Emission von Aktien an der Börse Eigenkapital beschafft.

Golden Parachute. Engl. für: „goldener Fallschirm". Zusicherung sehr lukrativer Abgangsentschädigungen (Abfertigungen) für oberste Führungskräfte vor allem für den Fall, dass ihre Gesellschaft übernommen wird und sie infolgedessen freiwillig oder unfreiwillig ihre Position aufgeben. G. P. dienen als Instrument der Abwehr feindlicher Übernahmen, weil dadurch das Unternehmen für den Erwerber unattraktiver wird.

Good Governance. ↗ Governance, die den Gütekriterien entspricht. G. G. bezieht sich auf den normativen Governancebegriff. Einen Ansatz, G. G. an miteinander vernetzten Kriterien festzumachen, legte der Governanceforscher Alfred Kyrer 2007 in Form des sog. ↗ Governance-Rads vor.

Goodwill. Der gute Ruf, das öffentliche Vertrauen, das eine Persönlichkeit oder ein Unternehmen genießt. Imaginärer Firmenwert.

Government Auditing. Prüfung der öffentlichen Verwaltung durch Rechnungshöfe.

Governance. Organisations- und ↗ Steuerung(-sintelligenz) komplexer sozialer ↗ Systeme bzw. ↗ Organisationen jeder Art. Das geistige Konstrukt der G. bewegt sich teilweise noch in methodischem Neuland, in dem noch keine große „semantische Hygiene" besteht. G. kann auch als die Qualität der strategischen Steuerung eines Systems gesehen werden. Die Grundidee, die sich dahinter verbirgt, ist die Hypothese, dass koordinierte Systeme eine höhere Leistungsfähigkeit (↗ Performance) aufweisen und nachhaltiger sind als Systeme, in denen nur punktuell ein bestimmter Aspekt – etwa nur die Finanzierung – Steuerungsrelevanz besitzt bzw. überbetont wird. Wesentliches Kriterium ist die Frage, ob es gelingt, die Elemente eines Systems so aufeinander abzustimmen, dass die Leistungsfähigkeit des Gesamtsystems verbessert wird. Gute G. behält das Ganze eines Systems im Auge und überprüft kritisch, ob bei den einzelnen Steuerungsmaßnahmen der *strategische* Systemzusammenhang gewahrt bleibt. Dadurch können Widersprüche zwischen den Maßnahmen aufgedeckt werden. Man unterscheidet drei **G.-Begriffe:**

1. Deskriptiver (beschreibender) G.-Begriff, der bestehende Zustände der G. darstellt. Frage: Wie sind die derzeitigen Zustände der G.?

2. Normativer G.-Begriff: Mit dem Schlagwort „Good Governance" wird umrissen, wie ein G.-Modell beschaffen sein *soll*. Frage: Wie muss G. sein?

3. Praktischer G.-Begriff: Abgeleitet von normativen G.-Modellen wird G. als Regierungs- oder (strategische) Management-*Technik* aufgefasst. Frage: Welche Werkzeuge stehen für die G. zur Verfügung?

Governance-Formen (Typen der Governance) sind: ↗ Hierarchie, ↗ Wettbewerb (Markt), ↗ Gemeinschaft, ↗ Netzwerk.

Governance-Rad nach Alfred Kyrer. Darstellung der Vernetzung der Werttreiber bzw. Gütekriterien von Governance (↗ Good Governance): Abbildung siehe S. 16.

Grassroots-Strategie. ↗ Bottom-up.

Green Paper. Grundsätzliche Überlegungen einer Institution oder Behörde zu einem bestimmten Thema (zB Beschäftigungsprogramm).

Grünbuch. Diskussionsgrundlage der Europäischen Kommission über kontroversielle Sachthemen innerhalb der Gemeinschaft. In einem G. wird ein bestimmtes Thema (zB Corporate Governance, Bildung) zum öffentlichen Diskurs aufbereitet, welches mit politischen Zielsetzungen der EU zusammenhängt. Auf das G. folgt häufig ein ↗ Weißbuch, das offizielle Empfehlungen der EU-Kommission zusammenfasst.

H

Hegemonic Governance. Form der ↗ Global Governance, wobei eine Weltmacht als Hegemonie (altgr. für: Anführer) andere Staaten wirtschaftlich, kulturell und militärisch dominiert. Auf dieser Basis gibt der Hegemon die Rahmenbedingungen des zwischenstaatlichen Handelns vor. Zur Aufrechterhaltung der H. G. genügt nicht die Macht eines Staates, sondern es ist dafür die Fähigkeit nötig, für die Ordnungsvorstellungen des Hegemons einen Konsens bei

anderen Staaten oder Staatenge-
meinschaften (zB der OECD) herzustellen.

Heuristisches Prinzip. Altgr.:
heuriskein (finden, entdecken).
Arbeiten mit vorläufigen Arbeits-
hypothesen, die nach und nach
verbessert werden. Heuristische
Arbeiten haben das Ziel, Hypothesen zu generieren, die in späteren
(Forschungs-) Projekten zu überprüfen sind.

Hierarchie. Ordnungs-, Organisa-
tions- oder Verfahrensprinzip, das
auf Über- und Unterordnungen
zwischen Elementen beruht
(Rangfolge). Der Governance-
Mechanismus besteht dabei in der
Erteilung von Anweisungen. Die
Transaktionsform ist regelmäßig
die ↗ Redistribution von Ressourcen aufgrund obrigkeitlicher Anweisungen. Elemente einer H.
können Funktionen, Personen, Organisationen und Teile von Organisationen sowie gedankliche Kon-
strukte oder im weiteren Sinne
auch Abläufe sein. Das bürokrati-
sche Steuerungsmodell nach Max
Weber baut auf der H. als ein mögliches Governance-Konzept für Organisationen auf. Die (rein) hierarchische Steuerung gilt lt. der herrschenden wissenschaftlichen Leh-

re aber mittlerweile als problematisch bzw. nicht mehr zeitgemäß,
da ihr unterstellt wird, sie führe
zur Dämpfung der Verantwor-
tungs- und Leistungsbereitschaft
sowie zu Hemmungen des Infor-
mationsflusses in der Organisation
und verhindere so die Flexibilität.

Holismus. Altgr.: holos (ganz).
Ganzheitslehre, Ganzheitlichkeit.
Das Konzept des H. geht davon
aus, dass Systeme durch die Struk-
turbeziehungen ihrer Elemente
vollständig bestimmt sind – im Gegensatz dazu: ↗ Reduktionismus.
Der Begriff H. geht zurück auf Jan
Christiaan Smuts (1870 – 1950),
der eine zusammenhängende Theorie für die Natur- und Geisteswis-
senschaften formulierte. Diese besteht aus drei Ebenen (vgl. Smuts
2011):

1. Ganzheitlichkeit ist eine Be-
trachtungsweise, eine Erkenntnis-
theorie. Menschen erkennen nicht
die Einzelteile, sondern Gesamt-
heiten, Formen und Strukturen.

2. Ganzheitlichkeit ist eine den
Dingen innewohnende Eigen-
schaft. Das Ganze ist mehr als die
Summe seiner Teile (↗ Emergenz,
Übersummativität). ↗ Synergie

3. Ganzheitlichkeit ist etwas, das angestrebt wird. Systeme streben nach Vollständigkeit und Vervollständigung, um ein Ganzes zu werden bzw. zu einer Gestalt zu finden.

Homo oeconomicus. Lat., sinngemäß: wirtschaftlich denkender und handelnder Mensch. Es wird dabei unterstellt, dass Menschen danach trachten, unter Minimierung des Mitteleinsatzes den Nutzen zu maximieren. Das Modell des H. oeconomicus wird zur Erklärung und Vorhersage von Handlungsweisen der Akteure in sozialen Systemen verwendet.

Homöostase oder **Homöostasis.** Neigung von ↗ Systemen, sich aufgrund von Systemoperationen stabil, d. h. in einer Gleichgewichtssituation, zu erhalten. Diese Operationen basieren auf ↗ Codes. ↗ Selbstregulation.

Hybride Organisationen. Kombinieren Elemente von Marktorientierung, Staat und Zivilgesellschaft. H. O. spielen in der ↗ Regional Governance eine wichtige Rolle.

I

Impact. Engl. für: Beeinflussung, Wirkung. Bezeichnet in der Spra-

che des ↗ New Public Managements die Wirkungen, die die Ergebnisse (Produkte) des Verwaltungshandelns bzw. der Tätigkeit öffentlicher Einrichtungen zeitigen. Beispiel: Eine Universität veröffentlicht wissenschaftliche Artikel zur Halbleitertechnologie (Produkte bzw. wissenschaftlicher Output der Universität), die Wirkungen auf den technischen Fortschritt in der Computerbranche haben. ↗ Outcome.

Implizites Wissen. Unter i. W. versteht man schwer oder nicht formulierbares, unbewusstes, undokumentiertes Wissen. I. W. ist an sensorische Erfahrung gebunden und wird durch gemeinsame Anwendung übertragen. I. W. kann nur durch einen aufwändigen Prozess der Externalisierung explizit gemacht werden. I. W. ist schwieriger zu „stehlen" als ↗ explizites Wissen.

Indikator. Unter Indikatoren versteht man direkt wahrnehmbare Phänomene (Ersatzgrößen, Stellvertretergrößen), mit deren Hilfe man glaubt, begründet auf das Vorliegen eines nicht unmittelbar wahrnehmbaren Phänomens schließen zu dürfen. Beispiel: Jemand könnte als einen Indikator für die wissenschaftliche Publikationstätigkeit an einem Fachbereich die Zahl der von diesem Fachbereich veröffentlichten Zeitschriftenartikel pro Jahr heranziehen.

Individuelles Wissen. ↗ Wissen, das Einzelpersonen besitzen. Dieses Wissen ist nicht in der ↗ Organisation nachhaltig verankert und geht mit dem Ausscheiden der Person verloren. Gutes ↗ Wissensmanagement muss daher anstreben, für die Organisation relevantes Wissen von seiner Bindung an bestimmte Personen zu lösen und durch Teilung zu ↗ kollektivem Wissen zu machen.

Informationseffizienz. I. beschreibt die Geschwindigkeit und Wirtschaftlichkeit des Austauschs von Informationen innerhalb eines ↗ Systems. ↗ Netzwerke weisen regelmäßig eine hohe I. auf, da die Mitglieder keine Hierarchien durchlaufen und Regeln beachten müssen, sondern direkt miteinander in Verbindung stehen.

Informeller Sektor. Teil des Arbeitsmarktes, der durch Gelegenheitsarbeit, unsichere Arbeitsplätze und wenig zufriedenstellende Arbeitsbedingungen (niedrige Löhne, geringe soziale Sicherheit) gekennzeichnet ist.

Input. Engl., wörtlich: Eingabe. Eingangsgrößen an Produktionsfaktoren (im Wesentlichen Wissen, Humanressourcen, Geld- und Sachmittel), die dann im Leistungserstellungsprozess eingesetzt werden, der wiederum zum ↗ Output führt.

Intangibles (kurz für: intangible assets). Engl. Bez. für Immaterialgüter, immaterielles Vermögen, wie zB Wissen, Rechte, Patente, Lizenzen, Marken, Goodwill, Kundenbeziehungen usw. Begriff verschwimmt in der Literatur mit dem Intellectual Capital, ↗ Intellektuelles Kapital.

Integration. 1. Abbau von Handelshemmnissen und sonstigen Schranken zwischen Regionen und Staaten.

2. Prozesse, in denen Denkstrukturen unterschiedlicher Wissenschaften zu einem Ganzen zusammengefasst werden.

Intellektuelles Kapital. Immaterielles Vermögen; nimmt einen immer bedeutenderen Stellenwert als Produktionsfaktor ein. Es besteht nach herrschender Lehre aus Humankapital (Mitarbeiter, personelle Ressourcen), ↗ Strukturkapital und ↗ Beziehungskapital. Teilweise wird auch die Innovationskraft unter der Bez. „Innovationskapital" als gesonderter Teil des I. K. geführt. I. K. wird im Rahmen der ↗ Wissensbilanz dargestellt.

Interdependenz. Wechselseitige Abhängigkeit zweier oder mehrerer Größen, Sachverhalte oder Handlungen. Governance hat insofern die Aufgabe, Interdependenzen zu bewältigen, indem das Handeln der ↗ Akteure aufeinander abgestimmt wird. Abgestimmt ist das Handeln dann, wenn ein Akteur die Handlungen seiner Mit-Akteure antizipieren (vorwegnehmen) kann, zB aufgrund von Regeln oder Erfahrungen. Der Soziologe Talcott Parsons (1902 – 1979) spricht in diesem Zusammenhang von doppelter Kontingenz: Das eigene Handeln berücksichtigt das (erwartete) Handeln des anderen Akteurs, der wiederum das (erwartete) Handeln des Gegenübers berücksichtigt oder vorwegzunehmen versucht (Ego-Alter-Dyade).

International Governance. Zu unterscheiden von der ↗ Global Governance. Im Gegensatz zum Bilateralismus, der sich lediglich auf die Beziehungen zwischen zwei Staaten bezieht, betrifft die I. G. die politische Kooperation und Entscheidungsprozesse zwischen drei und mehr Staaten. Dominant sind zwei Instrumente der I. G.:

1. Gipfeltreffen, welche zur informellen Problemlösung und zur Konsensfindung auf multilateraler Ebene dienen.

2. Multilateralismus, der in einem formalen Rahmen auf der Ministerebene internationale Probleme zu lösen versucht (zB im System der Vereinten Nationen).

Intervention. Lat.: intervenire (dazwischenkommen). Als I. bezeichnet man eine Handlung, die auf ein ↗ System oder einen Prozess Einfluss nehmen bzw. verändern will. Die Interventionstheorie ist insbesondere Teil der psychologischen und sozialwissenschaftlichen Systemtheorie. Als die beiden empirischen Grundformen der I. in Organisationen gelten 1. Vermittlung (inhaltsbezogen) und 2. Konsultation (prozess- oder beziehungsbezogen).

Isomorphie. Gleichgestaltigkeit, zB einer Organisation im Vergleich zu anderen. Der ↗ Neoinstitutionalismus stellt beispielsweise Hypothesen auf, wie es zur I. zwischen Organisationen kommen kann.

IT-Governance. Normative und strategische Ausgestaltung des Ordnungsrahmens für Leitung, Überwachung, Aufbau- und Ablauforganisation der Informationstechnologie (IT) in einem Unternehmen bzw. einer Institution. Dabei muss die Förderung der Ziele und Werte dieser Institution sichergestellt sein.

J

JAE. Abk. für: Jahresarbeitseinheit. Von einem Vollzeitbeschäftigten während eines Jahres geleistete Arbeit.

K

Kaizen. Japanisches Managementkonzept. Kontinuierliche Verbesserung von Verfahren und Prozessen.

Kanban. Japanisches Managementkonzept. Bez. für ein komplexes logistisches System der Materialwirtschaft in Industrien, die mit Einbezug mehrerer Zulieferer arbeiten und komplexe Produkte herstellen.

Kartell. Absprache von Personen und/oder Unternehmen mit dem Ziel, den Wettbewerb zu beschränken oder auszuschalten. Kartellabsprachen betreffen u. a. Preise (Preiskartelle), Verkaufsbedingungen (Konditionenkartelle), Liefergebiete (Gebietskartelle) etc.

Keiretsu. Japanische Bez. für horizontale und vertikale Vernetzung von Unternehmen und/oder Branchen.

Knowledge Management. ↗ Wissensmanagement. Abkürzung: KM.

Kognitive Dissonanz. Theorie zur Änderung von Einstellungen, basierend auf der Annahme, dass Individuen versuchen, ein konsistentes Gleichgewicht zwischen Meinungen, Wissen und Werten aufrechtzuerhalten.

Kohärenz. Inhaltlicher Zusammenhang von Zielen, Verfahren und Verhaltensweisen in einer Organisation.

Kohäsion. Wirtschaftlicher und sozialer Zusammenhalt in der Europäischen Union.

Kohäsionsfonds. Fonds zur Unterstützung von Maßnahmen, die den Zusammenhalt der EU-Mitgliedstaaten fördern. Struktur-

und Kohäsionsfonds sollen das Wohlstandsgefälle zwischen verschiedenen Mitgliedstaaten der EU ausgleichen.

Kollektives Wissen. ↗ Wissen, das von einer ↗ Organisation geteilt wird. Gegensatz: ↗ individuelles Wissen.

Kompatibilität. Generell: Verträglichkeit eines Systems mit anderen Systemen.

Komplementarität. Zusammenwirken von Systemen bzw. Organisationen, wodurch sich diese wechselseitig stabilisieren oder verstärken.

Komplex. Verknüpfung von Einzelteilen (Elementen) zu einem Gefüge.

Komplexität. Im Sinne der Systemtheorie nach ↗ Luhmann: Zusammenhängende Menge von Elementen, wenn auf Grund immanenter Beschränkungen der Verknüpfungskapazität der Elemente nicht mehr jedes Element jederzeit mit jedem anderen verknüpft werden kann (Luhmann 1984, S. 46). Totale Komplexität: ↗ Entropie.

Komplexitätsstufen von Systemen:

	triviale Systeme	unorganisierte Systeme	organisierte Systeme
Variablen	wenige, gerichtet	sehr viele, gleichartig	mittlere Zahl, interdependent
Wissensbereich	klassische Naturwissenschaften, Technik	Wahrscheinlichkeitsrechnung	komplexe organisierte Systeme (Governance)
Prognosen	sehr genau	statistische Wahrscheinlichkeit	Mustervoraussage
Intervention	punktuell	stochastisch	kontextuell

(Tabelle in Anlehnung an Weaver 1978)

Komfortzone. Nach Eric Adler (geb. 1965, Entwickler der Adler-Social-Coaching-Methode zur nachhaltigen Persönlichkeitsentwicklung) umfasst die Komfortzone alles, was wir kennen und können mit Bezug auf die vier Bereiche geografisch, tätigkeitsbezogen, geistig und personell. Explizit und nicht automatisch in die Komfortzone eingeschlossen wird nach Adler, was wir mögen. Dies ist auch der Grund, warum Menschen in für sie unangenehmen Organisationsschemata verharren, obwohl sie selbst damit unzufrieden und sogar störend für die Gesamtorganisation sind. Eine Erweiterung der Komfortzone sollte laut Adler jeweils nur in einem oder maximal zwei der vier Bereiche gleichzeitig vollzogen werden, da ansonsten eine nachhaltige Entwicklung nur sehr schwer möglich ist. (Vgl. Adler 2012, S. 118 ff)

Konglomeratsabschlag.
↗ Corporate Discount.

Kontextsteuerung. Gestaltung der Umwelt eines Systems (im Sinne der Veränderung von Rahmenbedingungen), sodass dieses System dadurch in seinem Handeln beeinflusst wird. Hochkomplexe und selbstorganisierte Systeme können nicht durch direkte, steuernde Eingriffe linear gesteuert werden, da diese Systeme trotz gleicher Inputs unterschiedlich und nicht vorhersagbar darauf reagieren. Dies macht K. erforderlich. Bestimmte Systeme können wiederum zur Umwelt anderer Systeme gehören, welche von diesen interpretiert werden und die diese beeinflussen. Bei der K. gestaltet ein System den Kontext, dh

die Umwelt für ein anderes System und steuert es damit indirekt.

Kontrolle. 1. Vergleich zwischen geplanten und eingetretenen Größen im Sinne einer Überprüfung oder Überwachung.

2. Beherrschung einer Situation, Person oder eines Systems, auch im Sinne der Vorhersagbarkeit von damit zusammenhängenden Ereignissen bzw. Reaktionen der jeweiligen Person oder des jeweiligen Systems (Handlungs-Ergebnis-Kontingenz).

Kontingenz. Lat.: contingere (sich berühren, zeitlich zusammenfallen).

1. Das gemeinsame Auftreten von zwei oder mehreren Ereignissen.

2. Als K. wird tlw. auch Unbestimmtheit oder Zufälligkeit verstanden.

3. Niklas ↗ Luhmann, einer der bedeutendsten Systemtheoretiker, geht von einem Kontingent möglicher Wahrnehmungen bzw. Sichtweisen der Welt aus. Es sind fast beliebige Konstruktionen der Wahrnehmung der Realität denkbar, aber nicht alle. Dieser Umstand wird ebenfalls als K. verstanden. Wichtig erscheint Luh-

mann, verschiedene Sichtweisen der Wirklichkeit bewusst zuzulassen.

Konvergenz. Lat.: convergere (sich hinneigen, zusammenneigen). Gegenteil: Divergenz. Allmähliche inhaltliche Angleichung bzw. Übereinstimmung bestimmter Merkmale. Die Herstellung der K. der Mitgliedstaaten ist ein zentrales Ziel der EU. Vgl. die *Konvergenzkriterien* (Maastricht-Kriterien) in der Wirtschaftspolitik: Wirtschaftliche Voraussetzungen, die ein Land erfüllen muss, um an der Europäischen Wirtschafts- und Währungsunion teilnehmen zu können. Die *Konvergenztheorie der Sozialwissenschaften* geht davon aus, dass sich soziale Systeme in die Richtung eines gegenwärtig schon bestehenden Vorbild-Modells hin entwickeln.

Konzeptqualität. Beschaffenheit des Entwurfs, geplante ↗ Qualität. Ausmaß der Anpassung des Entwurfs eines Produkts an die Anforderungen der Nachfrager bzw. Leistungsempfänger (Kunden) und die Möglichkeiten der Erstellung der Leistung bzw. Produktion.

Koordination. Ursprung lat.: coordinare (zuordnen, beiordnen).

1. Allgemein wird unter K. das Aufeinanderabstimmen bzw. die wechselseitige Zuordnung von einzelnen Vorgängen in wirtschaftlichen, sozialen, biologischen oder technischen Systemen verstanden, um bestimmte Ziele zu erreichen. Dazu ist eine bestimmte Steuerungsintelligenz von Nöten.

2. In der ↗ Corporate Governance versteht man darunter das Management von Verknüpfungen der Aktivitäten der verschiedenen organisatorischen Einheiten miteinander sowie mit der Corporate-Ebene an der Spitze.

Kybernetik. Der Begriff wurde im 20. Jh. durch Norbert Wiener geprägt und bedeutet die Wissenschaft von der Kunst des Steuerns und Regelns von Systemen wie Maschinen, Organismen oder Organisationen.

Korporatismus. Form der politischen und ökonomischen Governance, bei der der Ausgleich zwischen den Interessengruppen durch Verhandlungen der Sozialpartner stattfindet. Dazu gehören in der Regel Vertretungskörperschaften der Arbeitgeber- und Arbeitnehmerseite, sog. Korporationen bzw. Körperschaften. Streiks und soziale Spannungen können dadurch vermieden werden. Der klassische K. entstand im Europa des 20. Jh. und implizierte zunächst eine staatlich-autoritär verordnete Ausgestaltung des K. Der später darauf aufbauende Neokorporatismus (liberaler K.) basiert auf der freiwilligen Herausbildung von Interessenvertretungen, die in politische Entscheidungen eingebunden sind. Der Neokorporatismus ist das dominante Mitbestimmungsmodell in der sozialen Marktwirtschaft. Zu den Vorteilen des Neokorporatismus zählen die Sicherung des sozialen Friedens, die Entlastung von Regierungsstellen sowie die Berücksichtigung von unterschiedlichen Blickwinkeln. Zu den Nachteilen des (Neo-) Korporatismus gehören die Umgehung der demokratischen Organe (wie Parlamente), die Entfremdung der Interessenvertretungen von ihren Mitgliedern bzw. ihrer Basis sowie die Gefahr einer Erstarrung der Institutionen.

Kybernetische Systeme. Selbststeuernde ↗ Systeme, die auf Basis des ↗ Codes aufgrund von Inputs definierte Outputs erzeugen. Die Outputs des Systems wirken ebenfalls als Input auf das System. Beispiel Klimaanlage: Das System

Klimaanlage heizt solange (Heizleistung = Output), bis die zu erreichende Raumtemperatur vom Temperaturfühler erkannt wird (Raumtemperatur = Input) und das System die Heizung abschaltet. K. S. funktionieren nach dem ↗ Regelkreismodell.

L

Leadership. Engl. für: Führungseigenschaft. Fähigkeit zur Definition und Vorgabe strategischer Ziele in Organisationen und Fähigkeit zur Durchsetzung ihrer Realisierung. L. geht mit der Fähigkeit zur aktiven Beeinflussung des Umfelds (Proaktivität) oder zur Anpassung an das Umfeld (Reaktivität) einher, was regelmäßig die Anwendung neuer Paradigmen (aus Sicht der ↗ Organisation) nötig macht. Dadurch hängt L. mit ↗ Change Management zusammen. Die Einführung neuer Konzepte des ↗ Wissensmanagements und der ↗ Wissensbilanz ist folglich ebenfalls mit L. verbunden.

Legitimationskette. Eine ununterbrochene L. soll für die Realisierung des demokratischen Mehrheitswillens im staatlichen Handeln sorgen. Die Glieder der L.

sind: Wähler – Parlament – Regierung – Verwaltung.

Lernen. Im Sinne von: ↗ Organisationales Lernen.

Leistungsauftrag. Zielvorgabe einer öffentlich-rechtlichen Gebietskörperschaft für eine untergeordnete Einheit. Im Gegensatz zur partnerschaftlichen ↗ Leistungsvereinbarung wird der L. einseitig und hoheitlich festgelegt. ↗ Globalbudget.

Leistungstiefe. Anteil der Eigenleistung einer Organisation im Verhältnis zu extern zugekauften Fremdleistungen (Outsourcing). Oft wird der Begriff L. auf die (öffentliche) Verwaltung bezogen. Der Wettbewerb zwischen privaten und öffentlichen Anbietern, wie zB bei privaten und öffentlichen Krankenhäusern, entscheidet über die L. der öffentlichen Hand: Nachfrager fällen durch die Wahl des Anbieters eine Entscheidung darüber, ob der Staat eine Leistung selbst erbringen oder ob diese Leistung auf dem Markt von privaten Anbietern erstellt werden soll.

Leistungsvereinbarung. Öffentlich-rechtliche Verträge zwischen dem Staat und öffentlichen oder privaten Leistungserbringern. Sie enthalten Art, ↗ Qualität, Umfang und zeitliche Verfügbarkeit der zu erstellenden Leistungen sowie die zur Verfügung stehenden, in der Regel nach oben begrenzten Finanzmittel. Auf diese Weise können Leistungserstellung und Finanzierung verknüpft werden. Siehe auch ↗ Leistungsauftrag. ↗ Globalbudget.

Leistungswettbewerb. Beim L. konkurrieren die Mitbewerber um die anhand von vorher definierten ↗ Indikatoren bewertete, bestmögliche Zielerreichung (Qualitätswettbewerb). Im Vordergrund steht hier der Output. Eine Unterart des Leistungswettbewerbs ist der Systemwettbewerb, welcher auf den Vergleich und die Transformation von Strukturen und Institutionen bezogen ist. ↗ Wettbewerb.

Local Governance. ↗ Governance (Koordinations- und Steuerungsmechanismen) auf der Ebene der Gemeinden als Gebietskörperschaften. Eng damit verknüpft ist die ↗ Regional Governance, im Rahmen derer Gemeinden miteinander kooperieren. Betreffend die L. G. treten in Österreich und Deutschland sowie in der Schweiz

Tendenzen zur immer stärkeren gesellschaftlichen, ökonomischen und politischen Selbststeuerung der Gemeinden auf (zB im Zusammenhang mit der Umsetzung von ↗ New Public Management).

Luhmann, Niklas. 1927 – 1998. Bedeutender deutscher Soziologe und Gesellschaftstheoretiker. Begründer der soziologischen Systemtheorie. Viele theoretische Aspekte der Governance beruhen auf der Systemtheorie Luhmanns.

M

Masterplan. Übergeordneter Plan, Leitplan, Entwicklungsplan, strategischer Plan. Mit Hilfe eines M. erfolgt die langfristige und systematische Gestaltung der Governance von Politikfeldern wie Raumplanung, Gesundheitswesen, Bildungssystem etc. Masterpläne sollen sicherstellen, dass intendierte Entwicklungen nicht inkonsequent und bruchstückhaft, sondern innerhalb eines Rahmens aufeinander abgestimmter Ziele und Instrumente erfolgen.

Maturana, Humberto R. (1928–). M. wurde in Santiago de Chile geboren und leitet dort zusammen mit Prof. Dávila das Instituto Mat-

riztico. M. arbeitet am Institut als Biologe und Philosoph. Er beschäftigt sich auch in seinen Büchern mit interdisziplinären Themen zwischen Biologie, Philosophie, Psychologie und Soziologie. M. widmet sich intensiv der „Biologie der Erkenntnis" und setzt auf diese Weise die Arbeit an seinem Konzept der ↗ Autopoiesis fort. M. arbeitete in enger Kooperation mit Francisco J. ↗ Varela. Maturana beeinflusste mit seinen Schriften Niklas ↗ Luhmann, Begründer der soziologischen Systemtheorie.

Mehr-Ebenen-Governance. ↗ Multilevel-Governance.

Merger-Modell. Engl. für: Verschmelzung. Governanceform, bei der Systeme (Organisationen) ihre frühere Identität sowie ihre Eigenständigkeit aufgeben und sich zu neuen, komplexeren Einheiten integrieren. Diese ↗ Transformation ist eine Aufgabe der Organisationsentwicklung, da es dabei zu einem radikalen Umbau des Systems kommt, der regelmäßig von Widerständen Betroffener begleitet ist. Andere Bez.: Fusion.

Meta-Governance. Übergeordnete ↗ Governance. Rechtliche Organisation und Ausgestaltung der Bedingungen für Governance. Beispielsweise definiert ein Staat im Sinne des Gemeinwohls Rahmenbedingungen, an die sich die ↗ Akteure im Sinne der ↗ Compliance halten müssen. Nur innerhalb dieses Rechtsrahmens dürfen dann von diesen Akteuren Governance-Strukturen und Mechanismen umgesetzt werden, da dies sonst vom „Meta-Governor" sanktioniert wird.

MGO. Markt, Gemeinschaft, Organisation. Teilbereich der Governanceforschung, in dem die ↗ Interdependenz zwischen vielfältigen Akteuren untersucht wird.

Mixed economy. Wirtschaftsstruktur, bei der private und öffentliche Unternehmen nebeneinander bestehen.

Multilevel Governance. Mehr-Ebenen-Governance. ↗ Governance-Mechanismen, die sich auf mehrere hierarchisch angeordnete Steuerungsebenen beziehen, bedingt durch ↗ Global Governance bzw. Föderalismus in der ↗ Public Governance. Auch in der ↗ Global Governance spielt M. G. eine große Rolle, da beispielsweise internationale Vorgaben der UNO in den Mitgliedstaaten sowie damit zusammenhängend in den einzelnen Bundesländern und Regionen um-

gesetzt werden müssen. Solche Prozesse sind wiederum eng verknüpft mit der ↗ Regimetheorie.

Murphy, Edward Aloysius Jr. (1918 – 1990). US-amerikanischer Ingenieur der Air Force. Weltberühmt wurde er 1949 durch eine Äußerung anlässlich eines missglückten Raketentests, nämlich *Murphy's Law:* Wenn es mehrere Möglichkeiten gibt, eine Aufgabe zu erledigen, und eine davon in einer Katastrophe endet oder sonstige unerwünschte Konsequenzen nach sich zieht, dann wird höchstwahrscheinlich zumindest eine Person diese ungeeignete Methode zur Aufgabenbewältigung heranziehen. Frei umformuliert wird Murphy's Law auch häufig so kolportiert: Alles was schiefgehen kann, wird auch schiefgehen. Murphy's Law wird teilweise in der Systemtheorie im Zusammenhang mit der Störungsresistenz von Systemen (↗ Resilienz) diskutiert.

N

Negentropie. ↗ Entropie.

Neoinstitutionalismus. Ansatz aus der Organisationssoziologie, begründet von John W. Meyer und

Brian Rowan (1977). Dieser besagt u. a., dass sich Organisationen anderen Organisationen, die als rational, effektiv und vorbildlich gelten, angleichen. Das Ziel solcher Anpassungsmechanismen ist nicht die tatsächliche Effizienz, sondern die Übereinstimmung mit dem Mainstream (zumindest nach außen), also die Legitimation gegenüber dem Umfeld der Organisation. Weitere Hypothesen im Rahmen des N. gehen davon aus, dass sich ähnliche Organisationen auch im Hinblick auf ihre Struktur, ihre Managementpraxis und ihre Kultur (an)gleichen. Man geht davon aus, dass mächtige Organisationen dabei eine Vorbildrolle übernehmen und von weniger mächtigen oder abhängigen Organisationen imitiert werden.

Neokorporatismus. ↗ Korporatismus.

Neorealismus. Denkrichtung, die Governanceformen außerhalb der Nationalstaaten skeptisch bis ablehnend gegenübersteht. So wird in Frage gestellt, ob u. a. aufgrund des Machtungleichgewichts von Staaten oder deren egoistischer Interessen überhaupt dauerhaft institutionalisierte, zwischenstaatliche Kooperationen gelingen können.

Network Govnernance. ↗ Netzwerk.

Netzmodell der Governance. ↗ Netzwerk.

Netzwerk. Kooperations-Form, bei der autonome Mitglieder nur lose gekoppelt sind. Daher entsteht eine hohe Dynamik. Der Institutionalisierungsgrad ist geringer als bei der ↗ Gemeinschaft. Aus diesem Grund unterliegt das N. ständigen Veränderungen auch im Hinblick auf ein- und austretende Mitglieder sowie durch die sich verstärkende oder abschwächende Beteiligung einzelner Mitglieder. Die Governance im N. beschränkt sich darauf, die Kooperationschancen innerhalb des Netzwerks zu fördern bzw. zu optimieren. Der Austausch innerhalb des N. basiert auf dem Prinzip der ↗ Reziprozität.

New Public Management. NPM lässt sich durch folgende Leitsätze charakterisieren (Quelle: Kyrer 2001, S. 50 ff):

1. Aufgabenreform: strategische Beschränkung staatlicher Tätigkeit auf bestimmte Kernaufgaben.

2. Deregulierung erfolgt mit neuen betriebswirtschaftlichen Werkzeugen.

3. Die öffentliche Verwaltung sollte sich stärker an Resultaten („Produkten") und Wirkungen (↗ Output und ↗ Outcome) orientieren.

4. Sparpakete müssen nach und nach durch Strukturpakete ersetzt werden.

5. Umgestaltung der öffentlichen Verwaltung: Hier geht es darum, die Qualität der Verwaltungsleistungen, das Preis-Leistungs-Verhältnis zu beurteilen.

6. NPM arbeitet mit kleineren, überschaubaren Aktivitätsfeldern, um eine bessere Zuordnung von Kosten- und Nutzenströmen zu erreichen.

7. NPM arbeitet mit ↗ Benchmarking.

8. NPM arbeitet mit Globalbudgets und sucht nach neuen Formen der Finanzierung.

9. NPM unterstützt die Selbständigkeit und Verantwortung der operativen Einheiten der öffentlichen Verwaltung.

10. NPM ermöglicht eine bessere Vernetzung von Staat und Wirtschaft, ermöglicht Synergieeffekte und multidisziplinäres Denken.

New University Management. Begriff aus der Hochschulgovernance. NUM versucht, die Postulate des NPM auf den Hochschulsektor zu übertragen. Abgesehen von seinen unbestreitbaren Vorteilen bezüglich der Entkoppelung von Politik und Universität (↗ Autonomie) bestehen die Hauptprobleme des NUM darin, dass

1. Hochschulen keine kommerziellen Wirtschaftsbetriebe sein können und sollen, sondern wissenschaftliche und gesellschaftliche Zielsetzungen verfolgen,

2. die Messung von ↗ Outputs und ↗ Outcomes im Gegensatz zur Privatwirtschaft nur schwierig und langfristig möglich ist und

3. NUM-Konzepte dazu führen, dass sich die öffentliche Hand immer mehr aus der Finanzierung der Hochschuleinrichtungen zurückzuziehen versucht.

NGO. Non Governmental Organization. Nicht-öffentliche Einrichtung oder Vereinigung, die bestimmte Ziele verfolgt (zB Gewerkschaften, Initiativen, Think tanks). Gegenteil: ↗ GO.

Normative Unternehmensführung. Oberste Ebene der Führung, die Leitlinien für die ↗ Strategie entwickelt. Im Rahmen dessen werden Vision, Mission und Unternehmensphilosophie (d. h. das Leitbild) formuliert. Die normative Ebene beeinflusst alle Unternehmensbereiche sowie alle Umsetzungsebenen (Strategien, ↗ Taktiken, operative Umsetzung), ist aber durch Rückkoppelungsschleifen (Informationsfluss) mit den darunter gelegenen Ebenen verbunden. ↗ Corporate Governance.

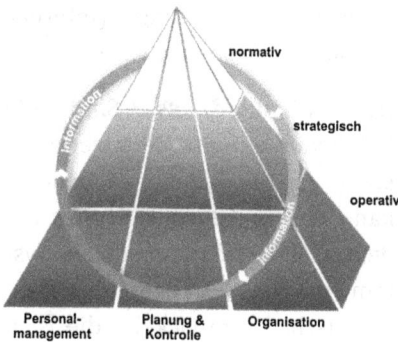

(Modell nach Dillerup/Stoi 2008.)

NPM. ↗ New Public Management.

NUM. ↗ New University Management.

O

Öffentliches Wissen. ↗ Wissen, das zum Allgemeingut gehört und nicht urheberrechtlich geschützt ist oder sich auch nicht im Gewahrsam einer Person oder ↗ Organisation befindet. Ö. W. wird durch Teilung aufgrund von Gewinnen durch Rekombinationseffekte mehr wert. Ö. W. ist an eine gemeinsame Praxis gebunden, seine Explizierung setzt eine gemeinsame Sprache voraus. Die Aneignung von ö. W. erfolgt im Rahmen eines Teils der Öffentlichkeit, der das Wissen mit anderen teilt. Gegensatz: ↗ proprietäres Wissen.

Operationale Geschlossenheit bedeutet, dass das System nicht aufgrund von Einflüssen von außen reagiert, sondern aus sich selbst heraus handelt.

Organisation. 1. Institutionaler Organisationsbegriff: arbeitsteiliges, soziales Handlungs-System.

2. Instrumentaler Organisationsbegriff: Steuerungssystem in einem ↗ sozialen ↗ System.

3. Funktionaler Organisationsbegriff: Tätigkeit der Gestaltung und Einflussnahme auf das Steuerungssystem in einem sozialen System. Die O. eines Systems sorgt dafür, dass seine Elemente seligiert (ausgewählt), relationiert (in

eine Beziehung zu einander gesetzt) und gesteuert werden.

Organisationskapital. Engl.: Organizational capital. Teil des
↗ Strukturkapitals.

Organisationales Lernen. Zu-
sammenfassend gesehen ist O. L.
ein Prozess, der

1. eine Veränderung der Wissensbasis der ↗ Organisation beinhaltet,

2. im Wechselspiel zwischen Individuen und der Organisation ab-
läuft,

3. in Interaktion mit der internen
und/oder externen Umwelt stattfindet,

4. durch Bezugnahme auf existie-
rende Handlungstheorien in der
Organisation erfolgt und

5. zu einer Systemanpassung an
die externe Umwelt und/oder zu
erhöhter Problemlösungsfähigkeit
des Systems beiträgt (nach
Pawlowsky 1992, S. 204).

Outcome. Qualitatives Ergebnis
eines Leistungserstellungsprozes-
ses. Der O. ist das, was bei einem
Leistungserstellungsprozess qualitativ „herausgekommen" ist. O. ist
der eigentlich angestrebte Zweck.

Beispiele: die Verringerung der
Anzahl der Arbeitssuchenden als
Folge eines Beschäftigungspro-
gramms oder die höhere Qualifikation der Absolventen von Universitäten als Folge eines ↗ Qualitäts-
sicherungsprogramms. ↗ Impact.

Output. Wörtlich: Ausstoß. 1.
Quantitatives Ergebnis eines (Leis-
tungserstellungs-) Prozesses. 2. Im
↗ New Public Management: Leistung einer Organisationseinheit,
die an den Bürger (externer Output) oder an andere Verantwor-
tungsbereiche innerhalb der ↗ Or-
ganisation/Verwaltung (interner
Output) abgegeben wird.

Overembeddedness. Sind die
Mitglieder eines ↗ Netzwerks zu
stark miteinander verbunden,
kann das zur O. führen. Dies bedeutet, dass sich das soziale System zu einer Art geschlossenen
Gesellschaft entwickelt, die sich
nach außen abschirmt und kaum
auf Umwelteinflüsse reagiert.
Neue Informationen werden daher
schwer von außen aufgenommen
und notwendige Anpassungen an
die Umwelt erschwert bzw. blo-
ckiert.

P

Paradigma. Altgr.: parádeigma (begreiflich machen). Denk- oder Lösungsmuster, wissenschaftliche Lehrmeinung oder Weltanschauung. Ein P. kann solange aufrecht erhalten werden, bis Phänomene oder Umwälzungen auftreten, die mit diesem P. unvereinbar sind. Dann kommt es zu einem Paradigmenwechsel.

Parameter. Stellgrößen („Stellschrauben") eines ↗ Systems. Durch Definition oder Veränderung der P. kann ein System an neue Anforderungen angepasst werden. Beispiel: In einem Staat bilden Subventionen (Förderungen) P. für das Handeln von Unternehmen, die diese Subventionen in Anspruch nehmen wollen. Sind zB in einer Volkswirtschaft die Subventionen für die Schaffung von Arbeitsplätzen attraktiv, wird dadurch der Arbeitsmarkt stimuliert.

Passiv Innovierende. Personen, die Veränderungen bzw. Reformen, die ihnen von ↗ aktiv Innovierenden vorgegeben werden, umsetzen (müssen). Der Erfolg einer Innovation hängt von der Umsetzung durch die passiv Innovierenden ab.

Peer Review. Zumeist qualitativ angelegte ↗ Evaluation durch (oft wissenschaftliche) Fachkollegen.

Performance. Qualität der Aufgabenerfüllung, Leistung. Der Begriff P. kann sowohl auf Systeme bezogen sein (wie, in welcher Art und Weise sie ihre Aufgaben erfüllen) als auch auf die Wertentwicklung einer Vermögensanlage (dh die Aufgabe jeder Anlageform entspricht zumindest dem Werterhalt und idealerweise der Erzielung einer optimalen Rendite, eines Wertzuwachses). Bei der P. von Systemen ist zu beachten, dass die Einschätzung von den gerade gesteckten Zielen bzw. vom Betrachtungswinkel abhängt: Ob die P. eines Systems für „gut" oder „schlecht" befunden wird, ist daher regelmäßig eine subjektive Bewertung. Die Messung der P. erfolgt durch ↗ Indikatoren, abgesehen davon kann die P. auch qualitativ beschrieben werden.

Performance Reporting System. Teil des Berichtswesens einer ↗ Organisation, der die Feststellung und Kommunikation der ↗ Performance zum Gegenstand hat. Die vollständige Darstellung der Leistung einer Organisation durch ein P. R. S. ist in der Regel nicht möglich; man muss sich auf bestimmte Aspekte, die den Organisationszielen am besten entsprechen, beschränken. Die Implementierung von P. R. S. erfolgt im öffentlichen Bereich vielfach Hand in Hand mit ↗ New Public Management. P. R. S. unterstützen den Wandel der Organisationskultur und müssen in den strategischen Planungsprozess integriert sowie von der Belegschaft akzeptiert sein. (Vgl. Cunningham / Harris 2005)

Perturbation. Lat.: perturbare (durcheinander wirbeln, verwirren, beunruhigen). Störung. Der Begriff P. bezeichnet in der Systemtheorie eine wahrgenommene Störung und nicht automatisch ein äußeres Ereignis. Im systemtheoretischen Kontext wird der positive Aspekt von Störungen hervorgehoben (vgl. Maturana / Varela 2012). Perturbationen können vielmehr sogar der Anstoß zu konstruktiven Veränderungen des Systems sein (↗ Change Management). Wie empfindlich ein System auf P. reagiert, lässt sich durch seine ↗ Resilienz beschreiben.

Pfadabhängigkeit. Zeitlich kausal bestimmter Prozess, der den Verlauf von Entwicklungen bestimmt oder bestimmt hat. Prozesse verlaufen entlang der stabilen Phasen des Entwicklungspfads vorhersehbar, an Kreuzungspunkten (Verzweigungen aufgrund von Alternativen) aber relativ unvorhersehbar. Das Konzept der P. steht im Widerspruch zum Ökonomieverständnis der Neoklassik, das von der Effizienz des Handelns ausgeht. Bedingt durch die P. kommen auch ineffiziente Prozesse in eine stabile Phase, an der Korrekturen nur mehr schwer möglich sind. Dadurch kann die P. auch zu einer Verfestigung von Fehlern führen. Ein gängiges Beispiel für die P. technologischer Entwicklungen ist die Normtastatur auf elektronischen Eingabegeräten (PC-Tastaturen), die viel früher aus ergonomischen Notwendigkeiten bei mechanischen Schreibmaschinen in dieser Form entstanden ist, aber an der man trotzdem weiterhin festhält (vgl. David 1986).

Policy-Shopping. Übernahme von politischen Vorbildern aufgrund von Best-practice-Beispielen oder ↗ Benchmarking. Beim P.-S. können auch verschiedene Vorbilder anderer Systeme zu einem neuen Konzept zusammengefügt und mit eigenen, neuen Ideen angereichert werden. Beispielsweise werden erfolgreiche Maßnahmen der Wirtschaftspolitik anderer Staaten übernommen und an die eigenen nationalen Verhältnisse angepasst, worin jedoch eine gewisse Schwierigkeit liegen kann.

Policy-Transfer. Prozess, durch den Wissen über Politik, administrative Lösungsansätze, Institutionen, Masterpläne, politische Strategien etc. an anderer Stelle und/oder zu einem anderen Zeitpunkt genützt wird (vgl. Dolowitz/Marsh 1996, S. 344).

Polyarchie. Sicherstellung der Handlungsfähigkeit einer Organisation, indem Mehrheitsbeschlüsse auch für die Minderheit (unfreiwillig) gelten. Demokratien sind zwangsläufig P.

Portfolio. Graphische Darstellung von Tätigkeitsfeldern einer Institution, teilweise auch als Bestandteil einer ↗ Wissensbilanz. Parallele Bedeutung in der Wirtschaftssprache: Bestand an Vermögen und Verbindlichkeiten, aber auch an Produktprogrammen und organisatorischen Einheiten sowie Tätigkeitsfeldern.

Presencing. Engl. Kunstwort aus *presence* (Gegenwart) und *sensing* (fühlen). Scharmer (2009) beschreibt eine weitere Wissens-Stufe jenseits des vergangenheits- und gegenwartsbezogenen ↗ expliziten und ↗ impliziten Wissens: das zukunftsbezogene *self-transcending knowledge*. Es schöpft durch Praxis- und Selbstwissen kreativ Neues. Den Vorgang dazu bezeichnet Scharmer als P., wobei es sich um ein Vergegenwärtigen der zukünftigen Möglichkeiten handelt. Presencing ist die Fähigkeit aus der Zukunft zu handeln und zu führen, dh in die Zukunft vorzufühlen, indem man die Gegenwart von einer vorweg genommenen Zukunft inspirieren lässt. P. wird als soziale Technik begriffen, um das Denken, das Fühlen und den Willen zu öffnen.

Grafische Darstellung des Presencingprozesses nach Scharmer in seiner „Theorie U" (2009):

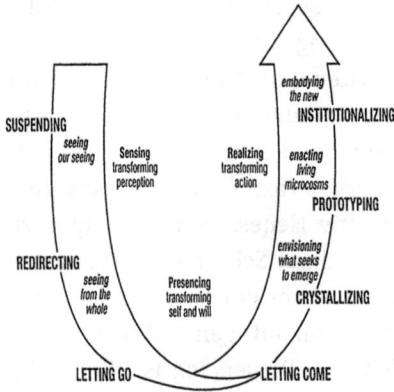

Principal-Agent-Problem. Dabei handelt es sich um ein bekanntes Dilemma in der Governance, das durch die Interessengegensätze von Auftraggeber (Principal) und Ausführendem (Agent) gekennzeichnet ist. Das Problem besteht darin, dass der Agent eher nach seinen eigenen Interessen handelt und nicht unbedingt nach denen des Principals. Dieselbe Person (Funktion) kann jedoch gleichzeitig Principal oder Agent sein: Beispielsweise ist der Vorstand einerseits Agent der Aktionäre, andererseits ist der Vorstand Principal über die ihm untergeordneten Unternehmensorgane. Gute Governance schafft Rahmenbedingun-

gen, wodurch solche Interessensgegensätze nicht zu Lasten des Gesamtsystems schlagend werden können. Beispiel: Die Vergütung des Vorstands hängt von Parametern ab, die sich mit den Zielen der Interessengruppen decken. ↗ Corporate Governance.

Private Governance. Im Gegensatz zu ↗ Public Private Partnerships arbeiten private Institutionen – wie zB Interessenverbände, ↗ NGOs und Unternehmen – zusammen, um bestimmte öffentliche Problemfelder (wie beispielsweise des Internets oder des Schutzes geistigen Eigentums) zu regulieren oder zu beeinflussen. Oft synonym verwendet: Private Private Partnerships. ↗ Transnationale Governance.

Private Private Partnerships. Engl. für: Privat-private Partnerschaft. ↗ Private Governance, Public Private Partnerships, Transnational Governance.

Proprietäres Wissen. Urheberrechtlich geschütztes ↗ Wissen bzw. Wissen, das eine Person oder ↗ Organisation in Gewahrsam hat. P. W. wird durch Teilung weniger wert. Die Aneignung und Verwendung des p. W. ist an die Mitwirkung und Zustimmung des Urhebers oder desjenigen, der das Wissen in Gewahrsam hat, gebunden. Gegensatz: ↗ öffentliches Wissen.

Public Governance. Steuerung von öffentlich-rechtlichen Institutionen bzw. von Gebietskörperschaften. Da P. G. mehrere hierarchische Ebenen wie Bund, Länder und Gemeinden betrifft, besteht ein direkter Zusammenhang mit ↗ Multilevel Governance. P. G. ist in besonderem Maße abhängig von rechtlichen Rahmenbedingungen. Um die Nachteile der bürokratischen Steuerung zu überwinden, werden immer stärker betriebswirtschaftlich orientierte Steuerungsmodelle auf den öffentlichen Sektor übertragen (↗ New Public Management). ↗ Public Private Partnerships sind Lösungsmöglichkeiten, um die öffentliche Verwaltung mit der Wirtschaft zu verknüpfen und damit die Effizienz sowie die Servicequalität für die Bevölkerung zu steigern.

Public Private Partnership. Engl. für: Öffentlich-private Partnerschaft. Kooperation zwischen öffentlich-rechtlichen Körperschaften (wie Bund, Länder oder Gemeinden) und privaten Unternehmen zur Erfüllung öffentlicher Aufgaben. Auf diese Weise werden Kapital und Wissen von Wirtschaftsbetrieben für die öffentliche Hand nutzbar gemacht, ohne die Kontrolle über die Aufgabenerfüllung völlig aus der Hand zu geben. Es handelt sich dabei also um eine Art der funktionalen Privatisierung – im Gegensatz zur materiellen Privatisierung, wo es zu einer kompletten Auslagerung der jeweiligen öffentlichen Aufgabe an den Markt kommt (unter bloßer staatlicher Aufsicht). Beispiele: PPP können zB als ↗ Betreibermodelle, ↗ BOT-Projekte oder als Konzessionsmodelle (zB ein Unternehmen erwirbt die Berechtigung, für eine von ihm errichtete Straße eine Maut einzuheben) umgesetzt werden. Eine weitere Möglichkeit für eine PPP wäre auch ein Betriebsführungsmodell, in dem die öffentliche Hand eine bestehende Infrastruktur (zB Leitungs- oder Schienennetze, Krankenanstalten etc.) an ein privates Unternehmen vermietet, welches diese Infrastruktur dann gegen Entgelte der Nutzer betreibt. Umgekehrt könnte auch die öffentliche Hand eine privat errichtete Infrastruktur mieten oder leasen.

Q

Qualität. Güte eines Produkts (dh einer Sach- oder Dienstleistung) hinsichtlich seiner Eignung für den Verwender. Man unterscheidet ↗ Konzept- und ↗ Ausführungsqualität.

Qualitätssicherung. Alle organisatorischen und technischen Maßnahmen, die der Schaffung und Erhaltung der ↗ Konzept- und ↗ Ausführungsqualität dienen. ↗ Qualität.

R

Race to bottom. Verschlechterungsspirale bzw. negative Entwicklungen, die durch Wettbewerbssituationen ausgelöst werden. Gründe dafür können einerseits in von den Kontrahenten unbeabsichtigten Nebeneffekten von Konkurrenz- und Konfrontationssituationen liegen, aber auch in der Unfähigkeit oder Machtlosigkeit von Kontrollinstanzen. Ein anderer negativer Aspekt von R. t. b. liegt darin, dass starker ↗ Wettbewerb künftige Kooperationen oder auch andere (zB soziale) Interaktionsebenen gefährdet, die mit der ursprünglichen Wettbewerbssituation nicht zusammenhängen.

Ranking. Rangreihenfolge von bewerteten Institutionen. Beispiel: Hochschul-R. erfüllen die Aufgabe der Entscheidungshilfe für Studierende sowie des Orientierungsinstruments für Hochschulen. Das Centrum für Hochschulentwicklung CHE definiert für R. folgende Gütekriterien (vgl. CHE 2002): 1. Fachbezogenheit, 2. Multidimensionalität der Indikatoren, 3. keine Vortäuschung einer Pseudogenauigkeit. Die Grenzen zwischen R. und ↗ Benchmarking sind vielfach fließend.

Rebundling. ↗ Unbundling

Redistribution. Umverteilung. Transaktionsform innerhalb des Governancetyps ↗ Hierarchie.

Reduktionismus. Philosophisches Paradigma, wonach ↗ Systeme durch ihre Elemente vollständig bestimmt sind (Gegenteil: ↗ Holismus). In diesem Sinne wird vom R. die ↗ Emergenz von Systemen negiert, wonach das Ganze mehr als die Summe seiner Teile ist. Entsprechend dem R. kann beispielsweise eine soziale Gruppe auf Lebewesen, diese wiederum auf Zellen, in weiterer Folge auf

Moleküle, Atome und Elementar-
teilchen reduziert werden.

Redundanz. Lat.: redundare
(überlaufen, im Überfluss vorhan-
den sein).

1. Allgemein: Überschneidung,
mehrfaches Vorhandensein.

2. Mit Bezug zur ↗ Selbstorganisation eines ↗ Systems: Organisierende, gestaltende und lenkende
Elemente sind nicht voneinander
getrennt. Alle Elemente können
am Gestaltungsprozess teilnehmen.

3. Redundanz als Entropiemaß:
Die Differenz zwischen zwei ↗ En-
tropien ergibt den Grad der Redundanz (dh den Grad der „Überschneidung" von Elementen).

4. Fähigkeit eines Systems, sich
selbst in einer Kategorie zu verändern.

Regelkreis. Rückkoppelungs-
schleife. Der ↗ Output eines ↗ Systems wird (teilweise) als ↗ Input
übernommen. Dies führt zu einer
Selbststeuerung des Systems. Man
spricht in diesem Zusammenhang
in der Systemtheorie von ↗ kyber-
netischen Systemen. Beispiel: Bil-

dungspolitischer Regelkreis nach
Seyr (2006, S. 39):

Bildungspolitischer Regelkreis

Auftreten von Problemen

Reformen
Konzeption Umsetzung

Konflikte

Problem-
bewusstsein

Bildungspolitische
Reaktion

national   europäisch   International

Regimetheorie. Theorie über Mechanismen internationaler Kooperation und Konfliktlösung (↗ Global Governance). Man unterscheidet den juristischen (normenbe-
zogenen) vom sozialwissenschaftlichen Aspekt des Regimes. Die Voraussetzungen für das dauerhafte
Funktionieren von Regimen sind:

1. gemeinsame Prinzipien (Grund-
sätze),

2. gemeinsame Normen als gene-
relle Verhaltensstandards,

3. gemeinsame Regeln als spezifische Verhaltensstandards und

4. klar definierte, gemeinsame
Verfahren bzw. standardisierte
Prozeduren (vgl. Krasner 1983).
Regime spielen in der Friedens-,
Wirtschafts-, Sozial- und Umwelt-
politik eine große Rolle und wer-

den im Rahmen der ↗ Multilevel-Governance realisiert durch

a) internationale Organisationen wie die UNO in der Friedenspolitik oder die WTO im Hinblick auf den Welthandel,

b) nicht-staatliche Organisationen mit internationalem Einfluss wie Ratingagenturen oder Agenturen zur Verwaltung und Vergabe von Internet-Domains,

c) internationale Verträge und Übereinkommen wie beispielsweise das allgemeine Zoll- und Handelsabkommen GATT oder das Kyoto-Protokoll zum Klimaschutz.

Regional Governance. Politisch-administrative Steuerung von Regionen bzw. dazu gehörenden Gemeinden (↗ Local Governance). R. G. befasst sich sowohl mit Möglichkeiten der Selbststeuerung von Regionen als auch mit deren Steuerungsfähigkeit als solche. Man unterscheidet zwei Ansätze der R. G. (vgl. Fürst 2006, S. 37 ff):

1. Funktionaler Ansatz: bezieht sich auf die Regionalentwicklung, wie beispielsweise Ansiedlung von Betrieben, Errichtung von Schulen und Universitäten.

2. Territorialer Ansatz: bezieht sich auf abgegrenzte politische Bezirke (geografische Gebiete), innerhalb derer ↗ Akteure handeln.

Regulation. Vorgang bzw. Mechanismus in und von Systemen, um bestimmte Größen konstant zu halten. ↗ Gleichgewicht, ↗ Selbstregulation.

Resilienz. Ursprung lat.: resilire (zurückspringen, abprallen). Unempfindlichkeit eines ↗ Systems gegenüber Störungen. Ein anschauliches Beispiel für R. ist das Stehaufmännchen, das bedingt durch seinen Schwerpunkt immer wieder zu seinem Ausgangspunkt zurückkehrt. R. bezieht sich auf eine Teilmenge möglicher Zustände eines Systems, ausgehend von denen es wieder zu seinem Grundzustand zurückkehrt. R. im engeren Sinne beschreibt die Fähigkeit eines Systems, störende Einflüsse von innen und außen auszugleichen. R. im weiteren Sinne bezieht sich auf die Fähigkeit eines Systems, sich trotz nicht behobener Störungen weiterhin aufrecht zu erhalten. Die ↗ Selbstregulation steht mit der R. in einem engen Zusammenhang.

Um in einer ↗ Organisation Resilienz herzustellen, bieten sich drei Strategien an:

1. Vorbeugung gegen Störungen.

2. Kurzfristige Adaption: flexible Vorgehensweisen, um rasch wieder zum Ausgangspunkt vor der Störung zurückzukehren.

3. Innovation: die Veränderungen positiv für sich nutzen. Im technischen Bereich spricht man statt R. meist von Fehlertoleranz.

Reziprozität. Gegenseitigkeit, Wechselseitigkeit. Transaktionsform innerhalb des Governancetyps ↗ Netzwerk.

Risiko-Governance kann als System begriffen werden, das einen reziproken Prozess zwischen zwei Sphären umfasst. Zum einen bezieht sich R.-G. auf die Management-Sphäre, in der es zum klassischen Risikomanagement (Implementierung von und Entscheidung über Risikohandlungen) kommt, zum anderen auf die Sphäre der Risikobewertung (von Risikoscreening bis hin zur Auseinandersetzung der Teilöffentlichkeiten mit dem Risiko). Abschließend kommt es zur Bewertung und zur Toleranz bzw. Akzeptanz von Risiken (durch Teilöffentlichkeiten)

und zu notwendigen, daraus resultierenden Aktionen wie beispielsweise die Maßnahmen zur Risikoreduzierung. ↗ Risikokommunikation muss dabei nach allen Seiten für die Informationsweitergabe sorgen.

Risikokommunikation. Instrument der ↗ Risiko-Governance. Da Kommunikation allgemein als Austausch, Verständigung oder als Prozess der Informationsvermittlung durch Zeichen aller Art verstanden werden kann, ist R. eine spezifische Form der Kommunikation. R. meint den Prozess des Austauschens von Information zwischen ↗ Akteuren des gesamten Risikokontexts, also über Resultate der Risikobewertung und Entscheidungen Verantwortlicher mit Bezug auf Risiken. Risikokommunikation wird als zentrales Element des gesamten Risikoprozesses beschrieben, dessen Ziele das Wissen über Risiken und womöglich die Akzeptanz dieser Risiken bei Betroffenen sein können.

S

Schumpeter, Joseph A. (1883 – 1950). Österreich-ungarischer, ab 1925 deutscher und ab 1939 US-amerikanischer Ökonom. Seine Werke wurden nicht nur in der Wirtschaftswissenschaft, sondern auch in den Politik- und Gesellschaftswissenschaften rezipiert. Er beschäftigte sich u. a. mit der Innovation als ökonomische und gesellschaftliche Triebkraft sowie mit der theoretischen Auseinandersetzung zwischen den Wirtschaftssystemen Kapitalismus und Sozialismus.

Selbstorganisation. Art der Systementwicklung, wobei die formgebenden, gestaltenden sowie beschränkenden Impulse von den Elementen des betreffenden Systems selbst ausgehen. Im Kontext der Politikwissenschaft wird der Begriff S. oft synonym mit ↗ Autonomie verwendet. Nach Probst (1987) weisen selbstorganisierte Systeme folgende Eigenschaften auf:

1. Komplexität: Systeme sind komplex, wenn ihre Elemente durch wechselseitige, variable Beziehungen miteinander verbunden sind. Die Elemente selbst können sich ebenfalls jederzeit verändern. Durch die Komplexität sind Vorhersagen des Systemverhaltens schwierig.

2. Selbstreferenz und operationale Geschlossenheit: Jedes Systemverhalten wirkt auf das System zurück. Diese Rückwirkungen bilden weitere Ausgangspunkte für das künftige Verhalten des Systems. Operationale Geschlossenheit bedeutet, dass das System nicht aufgrund von Einflüssen von außen reagiert, sondern aus sich selbst heraus handelt.

3. Redundanz: Organisierende, gestaltende und lenkende Elemente sind nicht voneinander getrennt. Alle Elemente können am Gestaltungsprozess teilnehmen.

4. Autonomie: Die Interaktionen und Beziehungen, die das System als Einheit ausmachen, werden nur durch das System selbst bestimmt. Austauschbeziehungen gegenüber der Umwelt des Systems bestehen dessen ungeachtet.

Selbstreferenz. Jedes Systemverhalten wirkt auf das System zurück. Diese Rückwirkungen bilden weitere Ausgangspunkte für das künftige Verhalten des Systems.

Selbstregulation. Bezeichnet jeden Prozess, der den internen Zustand eines Systems verändert. Der neue Zustand kann ein Gleichgewichtszustand sein, dann spricht man vom Prozess der Homöostase. Es kann sich aber auch um einen Zustand des Ungleichgewichts handeln. Beispiele: Erhöhung des Pulsschlags bei körperlicher Anstrengung, aber auch: Erhöhung der Rüstungsausgaben in einer Bedrohungssituation eines Staates usw.

Self-transcending knowledge. ↗ Presencing.

SGI. ↗ Sustainable Governance Indicators.

Soziales Kapital. Kollektive Ressource von Individuen, kollektiven Akteuren und Gesellschaften. S. K. entsteht durch die Einbettung von ↗ Akteuren in soziale Beziehungen. Der Unterschied zum Humankapital besteht darin, dass kein einzelner Akteur darüber verfügen kann, sondern alle Beteiligten. Andere Bez.: Beziehungskapital.

Sozialkompetenz. Soziale Kompetenz (sog. Soft Skills), ist die Gesamtheit persönlicher Fähigkeiten und Einstellungen, die dazu beitragen, individuelle Handlungsziele mit den Einstellungen und Werten einer Gruppe zu verknüpfen und in diesem Sinne auch das Verhalten und die Einstellungen von Mitmenschen zu beeinflussen. Eine immer stärker verbreitete und speziell für die Organisationsentwicklung interessante Definition legte der Wiener Sozialkompetenzexperte Eric Adler vor: „Sozialkompetenz ist die Fähigkeit, mit sich und seinem Umfeld (optimal) zurechtzukommen." Laut Adler umfasst diese Fähigkeit die Bereiche Kommunikation, Motivation sowie Mentalkraft und ist in den aufeinanderfolgenden Schritten Selbstkenntnis, Eigensteuerung, Umfeldsteuerung lern- und optimierbar. (Vgl. Adler 2012, S. 21 ff)

Soziales System. ↗ System. Sozial bedeutet in diesem Zusammenhang, dass das System aus Menschen als soziale Wesen besteht. ↗ Organisation.

Spieltheorie. Modellierung von Entscheidungssituationen, deren Erfolg nicht nur vom Verhalten eines Einzelnen, sondern von der Interaktion mit anderen abhängt. Solche Situationen werden als interdependente Entscheidungssituationen bezeichnet, welche häufig in Konflikt-, Verhandlungs- oder Konkurrenzsituationen auftreten. Daher wird die S. häufig als mathematisches Analyseinstrument in den Sozial-, Wirtschafts- und Organisationswissenschaften sowie zur Erklärung von Interaktionen in der Systemtheorie verwendet. Man unterscheidet die kooperative S., bei der Koalitionen gebildet werden, von der nichtkooperativen S.

Spin-off. Wirtschaftliche und rechtliche Verselbständigung einer organisatorischen Einheit. ZB aus einer Abteilung eines bislang unselbstständigen Instituts oder Fachbereichs können sich beispielsweise Projektteams oder bestimmte Forschungsbereiche (zB durch Verkauf) ausgliedern und als selbständige Gesellschaften im Auftrag der Privatwirtschaft tätig werden. Dies wird vor allem technologische, anwendungsorientierte und wirtschaftlich verwertbare Forschungssparten betreffen.

Stakeholder. Person, Personengruppe oder Institution, die Ansprüche oder Interessen an eine(r) ↗ Organisation hat. Beispiel: S. einer Hochschule sind vor allem: Studenten, Forscher und Lehrende, die Wirtschaft bzw. der Arbeitsmarkt als Abnehmer der Absolventen, Sponsoring- und Kooperationspartner, Auftraggeber für Dienstleistungen, der/die Eigentümer bzw. das Bildungsministerium als Eigentümervertreter

bei staatlichen Einrichtungen. Andere Bez.: Anspruchsgruppe, Interessengruppe.

Die Stakeholder-Theorie geht davon aus, dass Unternehmen in der Regel ihrem Umfeld (oder ihren Teilöffentlichkeiten) insofern Beachtung beimessen sollten, als sie diese durch ihr Handeln beeinflussen. Bei diesem Ansatz stehen vor allem Werte und die Beziehungen aller relevanten ↗ Akteure zueinander im Mittelpunkt. Die Stakeholder-Theorie kann die Grundlage für einen Diskurs über Verantwortung und Einfluss mächtiger Unternehmen in der Gesellschaft darstellen.

Steuerung. Gerichtete Beeinflussung eines Systems von außen (zB durch Reize, Informationen, Inputs). Der Steuerungsvorgang bringt das ↗ System von einem bestehenden in einen anderen Zustand. Die Information des Steuerungsvorganges steht in direktem Zusammenhang mit der Reaktion des Systems. Steuernde Eingriffe können auch zum Gleichgewicht des Systems führen sowie zu einem ev. störenden Ungleichgewicht, wenn Mechanismen zur ↗ Resilienz fehlen oder nicht funktionieren. Steuerungsmodelle sind oft in Form von ↗ Regelkreisen aufgebaut.

Beispiel für ein Reiz-Reaktions-Steuerungsmodell nach Eric Adler mit Bezug auf das menschliche Verhalten (Adler 2012, S. 139):

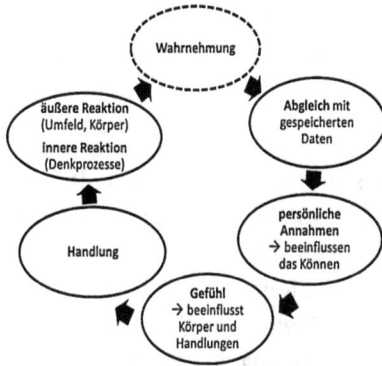

Steuerungsinstrumente, -modi und zugrundeliegende Anpassungsmechanismen der Governance.

Steuerungs-instrument	Steuerungsmodus (Anpassungs-mechanismus)
Regulative Standards (Richtlinien, Verordnungen, Entscheidungen)	Hierarchie (Zwang)
Rahmenregulierung	Hierarchie (Zwang) und Wettbewerb (ökonom. Anreize)
Prozessregulierung (auf Information oder Kommunikation abzielend)	Hierarchie (Zwang) und Lernen (Information)

Ökonomische Instrumente (Subventionen, Förderungen, Steuern, Gebühren)	Wettbewerb (ökonomische Anreize) oder Lernen (Information)
Ko- und Selbstregulierung	Lernen (Argumentation) und Hierarchie (Chance)
Offene Methode der Regulierung	Lernen (Information, Argumentation) oder Wettbewerb (Leistungsvergleich)

(Quelle: Eising/Lenschow 2007, S. 332)

Stewardship-Theorie. Diese steht im Gegensatz zur ↗ Agency-Theorie und geht davon aus, dass es gerade für den Vorstand möglich sein muss, allen Aktionären dienlich („Steward") zu sein und keine persönlichen Interessen zu verfolgen. Dies wird mit dem hehren Anspruch an die Position des Vorstands begründet. Die S.-T. wird zwar als klassische Theorie in der ↗ Corporate Governance gesehen, aber vielfach nicht mehr als zeitgemäß und realistisch genug empfunden.

Strategie. Altgr.: strat>>>ós (Feldherr, Kommandant). Vorgehensweise zur Umsetzung eines langfristigen Zieles unter Berücksichtigung der vorhandenen Ressourcen. In der Organisationswissenschaft wird als langfristig ein Zeitraum von etwa fünf Jahren oder mehr verstanden.

Strategische Organisationseinheit. Steuerungseinheit auf der hierarchisch obersten Ebene, die zur Umsetzung der langfristigen Ziele des Gesamtunternehmens, nämlich der Corporate Strategy, dient.

Stresstest. Belastungstest im Rahmen einer Simulation, wobei die Systeme veränderten Parametern (Stellgrößen) unterworfen sind. Diese Parameter gehen oft von ungünstigen Extrembedingungen aus, um die Krisenanfälligkeit des Systems zu überprüfen. Stresstests werden zB im Bankwesen oder bei Atomkraftwerken durchgeführt.

Strukturkapital. Teil des ↗ intellektuellen Kapitals. Immaterielle Ausstattung, die nicht direkt an einzelne Mitarbeiter gebunden ist, wie Datenbanken, Handbücher, Organisationsstruktur, Verfahrensweisen, Abläufe etc. Nach H. Willke (2001, S. 69 f): Wissensbasis auf Seiten der Strukturen, bestehend aus Informations- und Kommunikationsstrukturen und organisationalen Suprastrukturen von Regel- und Steuerungssystemen. Nach dem im kommerziellen Bereich bekannten Struktur-Modell des skandinavischen Unternehmens Skandia besteht das S. (structural capital) aus Kundenkapital (customer capital) und Organisationskapital (organizational capital). Das Organisationskapital besteht wiederum aus Innovationskapital (innovation capital) und Prozesskapital (process capital).

Sustainable Governance Indicators (SGI) ist ein Projekt der Bertelsmannstiftung. Die SGI bewerten den Reformbedarf und die Reformfähigkeit im Sinne der Regierungsleistung in 31 entwickelten Industriestaaten, die der OECD angehören. Analog zum Bertelsmann Transformation Index (BTI) sind die SGI in einen Status- und einen Management-Index unterteilt. Quantitative Daten internationaler Organisationen werden durch qualitative Bewertungen anerkannter Länder-Experten ergänzt. (Quelle: Bertelsmann Stiftung, 2012)

Synergie. Altgr.: synergía (Zusammenarbeit). Zusammenwirken von Elementen oder Kräften, die sich gegenseitig fördern bzw. von wechselseitigem Nutzen sind. Der Ausspruch, wonach das Ganze mehr als die Summe seiner Teile ist, geht auf Aristoteles zurück und bezieht sich auf Synergieeffekte in ↗ Systemen. Man bezeichnet dieses ↗ Paradigma auch als ↗ Holismus. Im Bereich der Betriebswirtschaft ergibt sich aufgrund von Synergien das ↗ Corporate Surplus.

System. *To systeme* (altgriechisch): Zusammenstellung. Nach bestimmten Regeln geordnetes Ganzes, eine Zusammenstellung, die aus mindestens zwei Elementen besteht. Ein S. grenzt sich von seiner Umwelt ab. Abgrenzung geschieht über Ordnung. Ordnung geschieht durch Selektion, Relationierung und Steuerung. Damit sich ein S. konstituieren, dh von seiner Umwelt abheben kann, muss man

1. aus der Gesamtheit gegebener Elemente einige herausnehmen und

2. diese Elemente in einer bestimmten Art und Weise untereinander ordnen (relationieren). Erfüllt man diese Bedingungen, entsteht ein S. Ein s. besteht also aus Elementen, die in bestimmten Relationen zueinander stehen, welche Relationen dann

3. bestimmte Operationen (Prozesse) auf Grund von Steuerung (↗ Governance) ermöglichen. (Vgl. Krieger 1998, S. 12)

Systemwettbewerb. ↗ Leistungswettbewerb.

T

Taktik. Altgr.: taktiká (Kunst, ein Heer in eine Schlachtordnung zu stellen). Vorgehensweise, um mittelfristige Ziele (über ein Jahr bis zu 5 Jahre) zu realisieren. Die T. setzt eine oder mehrere ↗ Strategien um. Die Umsetzungsmaßnahmen der T. werden wiederum der operativen Ebene zugerechnet.

Top-down. Problemlösungen von „oben" nach „unten". Zumeist wird damit gemeint: Hierarchisch übergeordnete Stellen lenken oder beeinflussen untergeordnete Stellen. Viele Reformen werden top-down umgesetzt, was allerdings die Motivation der Betroffenen beeinträchtigen kann. Gegenteil: ↗ Bottom-up.

Transformation. *Allgemein:* Umwandlung(-sprozess) hinsichtlich Form, Gestalt oder Struktur. *Politikwissenschaft:* Änderung des politischen Systems, zB Umwandlung vom Sozialismus zur Demokratie.

3

Ökonomie: Umwandlungsprozess des Wirtschaftssystems von der Plan- zur Marktwirtschaft, aber auch: Wandel der Wirtschaftsstruktur (zB Verlagerung vom sekundären Sektor hin zum tertiären Sektor). *Organisationsentwicklung:* Schrittweiser Umwandlungsprozess eines sozialen Systems aufgrund der Notwendigkeit eines Paradigmenwechsels, in den alle betroffenen Hierarchieebenen eingebunden sind.

Transformationsindex. ↗ Bertelsmann-Transformationsindex.

Transformationszyklus. Kreislaufmodell des idealtypischen Ablaufs von Veränderungsprozessen in Organisationen. Beispiel: Transformationszyklus in Anlehnung an Levi/Merry (1986):

1. Erkennen der Notwendigkeit eines Paradigmenwechsels. Dieser Paradigmenwechsel wird häufig durch ↗ Perturbationen (wahrgenommene Störungen) ausgelöst.

2. Transformation: Es erfolgt eine Revolution betreffend den bisherigen Systemzustand durch Änderung des ↗ Paradigmas, welches gegenüber den Betroffenen begründet wird. Dieser Schritt erfolgt hierarchisch top-down, also von oben nach unten.

3. Transition: Evolutionärer Übergangs- und Umsetzungsprozess, welcher kooperativ mit starker Orientierung an den hierarchisch untergeordneten Stellen erfolgt (bottom-up).

4. Stabilisierung: Die Veränderungen werden institutionalisiert und fest verankert.

Am Ende dieses Zyklus kann dieser ggf. wie bei einem ↗ Regelkreis wieder neu zu laufen beginnen, falls ein neuerlicher Veränderungsbedarf erkennbar wird.

Transnationale Governance. Form der institutionalisierten Koordination auf zwischenstaatlicher Ebene, wobei private ↗ Akteure bei der Normsetzung sowie deren Um- und Durchsetzung beteiligt sind. Da T. G. in einem geregelten Rahmen (institutionalisiert) verläuft, unterscheidet sie sich von der ungeregelten Form der Einflussnahme einzelner Akteure, dem Lobbying. T. G. tritt regelmäßig in zwei Erscheinungsformen auf:

1. ↗ Public Private Partnerships (PPPs) bzw. Public Private Networks: Private Unternehmen, Interessenvertretungen oder ↗ NGOs arbeiten mit Staaten oder internationalen Organisationen zusammen, um bestimmte Ziele in einem Politikfeld zu bearbeiten (wie zB Umweltschutz, Menschenrechte, Soziales etc.).

2. Private Private Partnerships oder Private Governance: Staaten oder internationale Organisationen delegieren Aufgabenbereiche an nicht-staatliche Akteure, oder aber private Akteure versuchen ihre Bestrebungen auf internationaler Ebene durch- und umzusetzen.

Turnaround. Engl. für: Umkehr (hier: vom Negativen ins Positive). Radikale Form des Wandels einer Organisation. Es erfolgen ein grundlegender Strategiewechsel sowie eine möglichst rasche Neuausrichtung der Organisation aufgrund von krisenhaften Situationen. Unternehmenskrisen verlau-

fen idealtypisch in folgender Abfolge: 1. Strategiekrise, 2. Erfolgs- bzw. Ertragskrise, 3. Liquiditätskrise, 4. Insolvenz. Der Turnaround erfolgt häufig erst in der Erfolgskrise, da die mangelhafte oder nicht mehr adäquate Strategie zu spät erkannt wird. Ab der Liquiditätskrise ist ein Turnaround ohne neue Investoren nur mehr schwer realisierbar.

U

Übersummativität. ↗ Emergenz.

Unbundling. Zerlegung (Entflechtung) von Leistungspaketen eines Unternehmens oder einer öffentlichen Verwaltung in seine Teilelemente, um eine bessere Zuordnung von Kosten und Erträgen zu ermöglichen. Danach werden die Leistungspakete neu geschnürt (Rebundling).

Upstream. Unternehmen bzw. wirtschaftliche Tätigkeiten am Anfang der Wertschöpfungskette, also im Bereich der Rohstoffgewinnung bzw. Produktion. Gegenteil: ↗ Downstream.

V

Varela, Francisco J. (1946 – 2001), Biologe, Philosoph und Neurowissenschafter. Wie sein Kollege ↗ Maturana wurde er in Santiago de Chile geboren. Er widmete sich gemeinsam mit diesem der Erforschung der Entwicklung, Anpassung und Wahrnehmung von Lebewesen sowie dem Konzept der ↗ Autopoiesis, welches er zusammen mit Maturana entwickelte. Nach V. ist „jedes Tun Erkennen, und jedes Erkennen ist Tun" (vgl. Maturana / Varela 2012). Durch seine wissenschaftlichen Impulse beeinflusste er die Systemtheorie wesentlich.

Varietät. Begriff aus der ↗ Kybernetik und Systemtheorie. V. bezeichnet den Vorrat an Wirk-, Handlungs- und Kommunikationsmöglichkeiten eines ↗ Systems. Teilweise wird V. auch als Maßzahl für die möglichen Zustände eines Systems gesehen. Der Begriff steht in engem Zusammenhang mit dem ↗ Ashbyschen Gesetz. Mit Hilfe der V. kann die Komplexität eines Systems gemessen werden.

W

Weißbuch. Öffentliches Dokument der Europäischen Kommission, in dem offizielle Empfehlungen zu bestimmten politisch relevanten Themen abgegeben werden. Als Vorbereitung dazu dient häufig ein ↗ Grünbuch, das den Diskussionsprozess zu diesem Thema anregen soll.

Wettbewerb. Einerseits Kennzeichen des freien Marktes bzw. der Marktwirtschaft, andererseits eine Governance-Form: Dabei verändert sich laufend die Position der Teilnehmer, indem diese miteinander in Konkurrenz stehen. Durch (rechtliche oder politische) Rahmenbedingungen sowie durch die Gestaltungsmöglichkeiten der Governance kommt es jedoch regelmäßig zu Wettbewerbsbeschränkungen, um schutzwürdigen Interessen eines ↗ Systems Rechnung zu tragen.

WGI. ↗ World Governance Index.

Wissen ist eine zusammenhängende, kontextabhängige Information, die zur Formulierung anderer Bedeutungen und zur Erzeugung neuer Daten verwendet werden kann. Man unterscheidet häufig nach dem Inhalt vier Typen des organisationalen Wissens:

1. Begriffswissen (zu wissen „was"),

2. Handlungswissen (zu wissen „wie", Know-how),

3. Rezeptwissen (Verbesserungs- und Korrektur-Wissen),

4. Grundsatzwissen (axiomatisches Wissen).

Willke (1998, S. 325) bemängelt bezüglich obiger Typologie das Fehlen der personal-sozialen Dimension (das Wissen einer ↗ Organisation über Personen) sowie der zeitlichen Dimension.

Unterscheidung nach der Form: ↗ implizites W., ↗ explizites W.

Unterscheidung nach dem Eigentum: ↗ öffentliches W., ↗ proprietäres W.

Unterscheidung nach der Kollektivierung: ↗ individuelles W., ↗ kollektives W.

Wissensarbeit. Die mit dem ↗ Wissensmanagement verwobene W. bedeutet, Wissen zu einer Produktivkraft zu entfalten, indem relevantes Wissen

1. kontinuierlich revidiert,

2. permanent als verbesserungsfähig angesehen,

3. prinzipiell nicht als Wahrheit, sondern als Ressource betrachtet wird und

4. untrennbar mit Nichtwissen gekoppelt ist, sodass mit Wissensarbeit spezifische Risiken verbunden sind." (Willke 2001, S. 21)

Wissensbilanz. Englisch: Intellectual Property Statement. Die W. dient Organisationen als Instrument zur ganzheitlichen (Selbst-)Darstellung, Bewertung und Kommunikation von ↗ intellektuellem Kapital, Leistungsprozessen und deren Ergebnissen bzw. Wirkungen vor dem Hintergrund des gesellschaftlichen Umfelds sowie politischer und selbstdefinierter Ziele.

Wissensbuchführung, doppelte. Der d. W. liegen zwei Fragen zu Grunde:

1. Wie lässt sich Wissensmanagement als solches optimal organisieren? Frage der Kosten.

2. Inwieweit sind die Ergebnisse des Wissensmanagements auf die Ziele der ↗ Organisation ausgerichtet? Frage des Nutzens.

Jeder einzelne Schritt des Wissensprozesses ist doppelt, dh auf beiden Seiten (1. und 2.), zu verbuchen. Das Problem dabei besteht in der Schwierigkeit der monetären Bewertbarkeit des Wissens bzw. in der Schwierigkeit der Festlegung der Indikatoren für das Wissen.

Wissenslandkarte. Instrument zur grafischen und/oder schriftlichen Darstellung von Kompetenzfeldern, in denen eine Einrichtung tätig ist. Eine W. stellt zumeist dar, welches Wissen von wem, wo in der ↗ Organisation und in welcher Ausprägung vorliegt. Die Bedeutung der einzelnen Kompetenzfelder wird beispielsweise durch die Größe der Sektoren eines Halbkreises dargestellt. Konzentrische Halbkreise symbolisieren die Operationalisierungstiefe (strategisch, taktisch, operativ). Multidisziplinäre Fertigkeiten, die auf mehrere Segmente Einfluss haben, werden überdies eingezeichnet.

Wissensmanagement. Systematische Steuerung der Wissensbestände in einer ↗ Organisation. W. bedeutet nicht bloß, die Fähigkeiten und Kenntnisse der einzelnen Personen in Organisationen optimal einzusetzen, zu bewahren, zu

erweitern und zu aktualisieren. W. bedeutet vor allem auch, kollektive, an die Organisation gebundene Intelligenz zu verankern und das Lernen der Organisation zu ermöglichen. Das Kernproblem des W. ist „die Verknüpfung und Rekombination der personalen und organisationalen Komponente von Wissen, Lernen und Innovationskompetenz" (Willke 2001, S. 17). Anders formuliert, meint W. „die Gesamtheit organisationaler Strategien zur Schaffung einer ‚intelligenten' Organisation" (Willke 2001, S. 39). Reinmann-Rothmeier und Mandl (1997, S. 20 f.) sehen W. als einen multidisziplinären Forschungsgegenstand, eine gesellschaftliche Herausforderung, eine individuelle und soziale Kompetenz sowie eine organisationale Methode. W. umfasst daher nach Reinmann-Rothmeier / Mandl die Verbreitung von Informationen, die Selektion und Bewertung von Informationen, Information in einen Kontext einzubetten und mit Bedeutung zu versehen, aus Information Wissen zu konstruieren und neues Wissen zu entwickeln, Wissensinhalte miteinander zu verknüpfen und Wissensnetze zu bilden, Wissen weiterzugeben, zu vermitteln und zu verteilen, Wissen auszutauschen und gegenseitig zu ergänzen, Wissen anzuwenden und umzusetzen, wissensbasiertes Handeln zu bewerten und daraus neues Wissen zu entwickeln. Probst, Raub und Romhardt (2010) legen ein simples (darin bestehen zugleich Vor- und Nachteil dieses Modells), aber leicht handhabbares Modell des Wissensmanagements vor. In diesem Modell wirken Identifikation, Bewahrung, Erwerb, Entwicklung, Verteilung und Nutzung von Wissen aufeinander ein. In einem übergeordneten Feedback-Prozess erfolgt eine Wissensbewertung, der die Revision und Neuformulierung von Wissenszielen entspringen.

With-And-Without-Prinzip. Nach diesem Prinzip werden auf Basis des Ist-Zustandes zwei Szenarien formuliert:

1. Status-quo-Prognose (Zustand ohne Durchführung der Maßnahme).

2. Wirkungsprognose (Zustand nach Durchführung der Maßnahme).

World Governance Index. Der WGI wurde 2008 vom Forum for a new World Governance (FnWG) auf Basis der United Nations Millennium Declaration entwickelt und umfasst die Situation der nationalen Governance in 179 Staaten und der globalen Governance sowie deren Entwicklung. Der WGI kombiniert fünf Indikatoren mit insgesamt 13 Sub-Indikatoren, die jeweils wieder insgesamt in 37 Indizes unterteilt sind. Die fünf Indikatorengruppen beziehen sich auf:

1. Frieden und Sicherheit (nationale und öffentliche Sicherheit)

2. Rechtssystem (Rechtsrahmen, Rechtssystem und Korruption)

3. Menschenrechte und demokratische Mitbestimmung (bürgerliche und politische Rechte, Mitbestimmung, Diskriminierung)

4. Nachhaltige Entwicklung (Volkswirtschaft, soziale Dimension, Umweltschutz)

5. Menschliche Entwicklung (gesellschaftliche Entwicklung und persönliche Entfaltungsmöglichkeiten, Wohlstand und Zufriedenheit)

Die Auswertungen des WGI sind in sechs Staatengruppen unterteilt: 1. Afrika, 2. EU/OECD, 3. Lateinamerika und Karibik, 4. Asien und Pazifik, 5. Arabische Welt, 6. Neue

Unabhängige Staaten (GUS-Staaten), Zentralasien, Balkan.

X

X-Effizienz. Die X. geht davon aus, dass es Faktoren gibt, die sich im Output niederschlagen, ohne dass die eingesetzten Produktionsfaktormengen vergrößert wurden oder ihr Einsatzort verändert wurde. Da in vielen Fällen nicht geklärt werden kann, auf welche Einflussfaktoren der höhere Output zurückzuführen ist, nannte Leibenstein diese Faktoren einfach X. Im Einzelnen können sich hinter der X. folgende Faktoren verbergen: Motivation der Arbeitnehmer, Qualifikation des Personals, Niveau der Technologie, Akzeptanz neuer Verfahren, Bereitschaft zur Teamarbeit, bessere Organisation.

Y

Yellow pages. Adresslisten, abgeleitet von den „gelben Seiten" des Branchenteils von Telefonbüchern. Der Begriff bezieht sich auch auf das gleichnamige Werkzeug des Wissensmanagements, mit dem Zuständigkeiten innerhalb einer Organisation aufgelistet werden.

Yield-Management. Ertragsmaximierung durch flexible Preisdifferenzierung, insbesondere bei Unternehmen mit hohem Fixkostenanteil durch computergestützte, auslastungsorientierte Angebotspreisvariation (zB bei Fluglinien, Hotelketten etc.).

Z

Zeitreihenanalyse. Bewertung ausgewählter Daten im zeitlichen Vergleich mit dem Ziel, einen empirischen Sachverhalt in seinen wesentlichen Komponenten und in seiner Entwicklung darzustellen. Störfaktoren werden dabei durch geeignete Filtermethoden eliminiert.

Zertifizierung. Die Z. ist der Erwerb eines Zeugnisses für ein normengerechtes Qualitätssicherungssystem bzw. für die Erfüllung bestimmter Anforderungen. Die Zertifizierung wird teilweise auch von nicht-staatlichen Einrichtungen übernommen, die Audits (genau geregelte Prüfverfahren) durchführen.

Zielindifferenz. Liegt dann vor, wenn mit der Erreichung eines oder mehrerer Ziele keine positiven oder negativen Wirkungen auf andere Ziele verbunden sind.

Zielkomplementarität. Liegt vor, wenn durch die Erreichung eines Zieles gleichzeitig oder zeitlich verzögert auch andere Ziele erreicht werden können.

Zielkonflikt. Z. liegt dann vor, wenn durch die Erreichung eines Zieles gleichzeitig oder zeitlich verzögert auch die Zielerreichung anderer Ziele ganz oder teilweise beeinträchtigt wird. Die Intensität, mit der Zielkonflikte auftreten, hängt im Wesentlichen ab:

1. von der Zahl der Ziele, die in dem betreffenden Ziel-Instrument-System enthalten sind;

2. von der Art und Zahl der wirtschaftspolitischen Instrumente, die zum Einsatz gelangen,

3. der Eingriffsintensität,

4. dem Zeitpunkt, zu dem diese Instrumente zum Einsatz gelangen.

Andere Bez.: Zielkonkurrenz.

Zielkonkurrenz. ↗ Zielkonflikt.

Zielvariable. Jene Größen (zB in der Wirtschaftspolitik Geldwertstabilität, Wirtschaftswachstum, Beschäftigungsniveau etc.), die man durch ↗ Interventionen erreichen möchte.

Literaturverzeichnis

Adler, Eric: Schlüsselfaktor Sozialkompetenz. Was uns allen fehlt und wir noch lernen können. Berlin: Econ (Ullstein), 2012.

Baraldi, Claudio / Corsi, Giancarlo / Esposito, Elena: Glossar zu Niklas Luhmanns Theorie sozialer Systeme. Frankfurt a. M.: Suhrkamp, 1997.

Bartolini, Stefano: Collusion, Competition and Democracy, Part I, in: Journal of Theoretical Politics 11, S. 435 – 470, 1999.

Benz, Arhur / Lütz, Susanne / Schimank, Uwe / Simonis, Georg (Hrsg.): Handbuch Governance. Theoretische Grundlagen und empirische Anwendungsfelder. Wiesbaden: VS Verlag für Sozialwissenschaften, 2007.

Bertalanffy, Ludwig von: General System Theory: Foundations, Development, Applications Foundations, Development, Applications. New York: George Braziller Inc., 1976.

Bertelsmann Stiftung (Hrsg.): Nachhaltiges Regieren in der OECD. Sustainable Governance Indicators 2011. Gütersloh: Eigenverlag, 2011. Siehe auch: bertelsmann-stiftung.de und sgi-network.org (Abrufdatum: 03. Nov. 2012)

CHE – Centrum für Hochschulentwicklung: Das Hochschulranking. Vorgehensweise und Indikatoren. Gütersloh: Eigenverlag, 2002. (Arbeitspapier Nr. 36)

Cunningham, Gary M. / Harris, Jean E.: Towards A Theory of Performance Reporting in Achieving Public Sector Accountability: A Field Study. Public Budgeting & Finance, Vol. 25, No. 2, S. 15 – 42, June 2005.

David, Paul A.: Understanding the Economics of QWERTY: The Necessity of History, in: William N. Parker (Hrsg.), Economic History and the Modern Economist. London: Basil Blackwell, 1986, S. 30 – 39.

Dillerup, Ralf / Stoi, Roman: Unternehmensführung. München: Vahlen, 2008.

Djelic, Marie-Laure / Sahlin-Andersson, Kerstin (Hrsg.): Transnational Governance: Institutional Dynamics of Regulation. Cambridge: Cambridge University Press, 2006.

Dolowitz, David P. / Marsh, David: Who Learns What from Whom: a Review of the Policy-Transfer Literature, in: Political Studies XLIV, 1996, S. 343 – 357.

Eising, Rainer / Lenschow, Andrea: Europäische Union, in: Benz, Arhur / Lütz, Susanne / Schimank, Uwe / Simonis, Georg (Hrsg.): Handbuch Governance. Theoretische Grundlagen und empirische Anwendungsfelder. Wiesbaden: VS Verlag für Sozialwissenschaften, 2007, S. 325 – 338.

Frey, Bruno S.: Ein neuer Föderalismus für Europa. Die Idee der FOCJ. Tübingen: Mohr-Siebeck, 1997.

Fürst, Dietrich: Regional Governance – ein Überblick, in: Kleinfeld, Ralph / Plamper, Harald / Huber, Andreas (Hrsg.): Regional Governance, Bd. 1, Teil A. Göttingen: V&R Unipress, 2006, S. 37 ff.

Höfling, Siegfried / Mandl, Heinz (Hrsg.): Lernen für die Zukunft. Lernen in der Zukunft. Wissensmanagement in der Bildung. München: Hanns-Seidel-Stiftung eV, 1997. (Berichte und Studien der Hanns-Seidel-Stiftung, Band 74.)

Hrebicek, Gerhard / Fichtinger, Markus: Handbuch Coporate Governance. Wien: Aktienforum, 2003.

Kleinfeld, Ralph / Plamper, Harald / Huber, Andreas (Hrsg.): Regional Governance, Bd. 1 und 2. Göttingen: V&R Unipress, 2006.

Krasner, Stephen D. (Hrsg.): International Regimes. Ithaka (NY): Cornell University Press, 1983.

Krieger, David J.: Einführung in die allgemeine Systemtheorie. München: Fink, 1998. (UTB für Wissenschaft, Band 1904)

Kyrer, Alfred: Neue Politische Ökonomie. München et al.: Oldenbourg, 2001.

Kyrer, Alfred (Hrsg.): Integratives Management für Universitäten und Fachhochschulen. Oder: Governance und Synergie im Bildungsbereich in Österreich, Deutschland und der Schweiz. Wien et al.: Neuer Wissenschaftlicher Verlag, 2002. (Edition T.I.G.R.A., Band 1)

Kyrer, Alfred / Seyr, Bernhard F. (Hrsg.): Governance und Wissensmanagement als wirtschaftliche Produktivitätsreserven. Frankfurt a. M. et al.: Peter Lang, 2007.

Kyrer, Alfred / Seyr, Bernhard F. (Hrsg.): Systemische Gesundheitspolitik – Zeithorizont 2015. Frankfurt a. M. et al.: Peter Lang, 2011.

Levi, Amir / Merry, Uri: Organizational Transformation: Approaches, Strategies, Theories. New York: Praeger, 1986.

Luhmann, Niklas: Einführung in die Systemtheorie. Heidelberg: Carl-Auer-Systeme, 2004.

Maturana, Humberto R. / Varela, Francisco J.: Der Baum der Erkenntnis. Die biologischen Wurzeln des menschlichen Erkennens. Frankfurt: Fischer Taschenbuch Verlag, 2012.

Mertins, Kai / Alwert, Kay/Heisig, Peter (Hrsg.): Wissensbilanzen. Intellektuelles Kapital erfolgreich nutzen und entwickeln. Berlin, Heidelberg: Springer, 2005.

Messner, Dirk / Nuscheler, Franz: Das Konzept Global Governance – Stand und Perspektiven, in: Stiftung Entwicklung und Frieden (Hrsg.): Global Governance für Entwicklung und Frieden. Perspektiven nach einem Jahrzehnt. Bonn: J. H. W. Dietz Nachfolger, 2006, S. 18 – 79.

Meyer, John W. / Rowan, Brian: Institutionalized Organizations: Formal Structure as Myth and Ceremony, in: American Journal of Sociology. Vol. 83, 1977, S. 340 – 363.

Müller-Stewens, Günter / Brauer, Matthias: Corporate Strategy & Governance. Stuttgart: Schäffer-Poeschel, 2009.

North, Klaus: Wissensorientierte Unternehmensführung: Wertschöpfung durch Wissen. Wiesbaden: Gabler, 2012.

Probst, Gilbert J. B.: Selbstorganisation – Ordnungsprozesse in sozialen Systemen aus ganzheitlicher Sicht. Berlin, Hamburg: Paul Parey, 1987.

Probst, Gilbert / Raub, Steffen / Romhardt, Kai: Wissen managen. Wie Unternehmen ihre wertvollste Ressource optimal nutzen. Wiesbaden: Gabler, 2010.

Reinmann-Rothmeier, Gabi / Mandl, Heinz: Wissensmanagement: eine Antwort auf Informationsflut und Wissensexplosion, in: Höfling, Siegfried / Mandl, Heinz (Hrsg.): Lernen für die Zukunft. Lernen in der Zukunft. Wissensmanagement in der Bildung. München: Hanns-Seidel-Stiftung eV, 1997. (Berichte und Studien der Hanns-Seidel-Stiftung, Band 74.)

Renaud, François: World Governance Index. Paris: FnWG, 2009.

Renn, Ortwin: White paper on Risk Governance – towards an integrative approach. Genf: The international Risk Council, 2006.

Rogers, Everett M.: Diffusion of Innovations. Fifth Edition. New York: Free Press, 2003.

Schumpeter, Joseph A.: Kapitalismus, Sozialismus und Demokratie. Bern: Francke, 1946.

Senge, Peter: The Fifth Disciplin. New York: Doubleday, 1990.

Scharmer, Claus Otto: Theory U – leading from the future as it emerges. Deutscher Titel: Theorie U – von der Zukunft her führen: Öffnung des Denkens, Öffnung des Fühlens, Öffnung des Willens; Presencing als soziale Technik. Mit einem Vorwort von Peter M. Senge. Heidelberg: Carl-Auer-Systeme Verlag, 2009.

Stiftung Entwicklung und Frieden (Hrsg.): Global Governance für Entwicklung und Frieden. Perspektiven nach einem Jahrzehnt. Bonn: J. H. W. Dietz Nachfolger, 2006.

Streit, Manfred / Wohlgemuth, Michael: Systemwettbewerb als Herausforderung an Politik und Theorie. Baden-Baden: Nomos, 1999.

Smuts, Jan Christiaan: Holism and Evolution. London: Lightning Source UK Ltd, 2011. (Nachdruck der Erstausgabe von 1925)

Tricker, Bob: Corporate Governance. Principles, Policies and Practices. Second Edition. Oxford: Oxford University Press, 2012.

Weaver, Warren: Wissenschaft und Komplexität, in: Türk, Klaus (Hrsg.): Handlungssysteme. Opladen: Westdeutscher Verlag, 1978.

Willke, Helmut: Systemisches Wissensmanagement. Stuttgart: Lucius & Lucius, 2001.

Willke, Helmut: Systemtheorie I: Grundlagen. Stuttgart: Lucius & Lucius, 2000. (UTB für Wissenschaft, Band 1161)

Willke, Helmut: Systemtheorie II: Interventionstheorie. Stuttgart: Lucius & Lucius, 1999. (UTB für Wissenschaft, Band 1800)

Willke, Helmut: Systemtheorie III: Steuerungstheorie. Stuttgart: Lucius & Lucius, 1998. (UTB für Wissenschaft, Band 1840)

Abkürzungsverzeichnis

Im Allgemeinen schließen die Abkürzungen sinngemäß auch grammatikalische Beugungen mit ein.

Innerhalb des Textes zu einem bestimmten Stichwort wird dieses mit seinem Anfangsbuchstaben abgekürzt.

Abk.	Abkürzung
altgr.	Altgriechisch
Bez.	Bezeichnung
bzgl.	bezüglich
bzw.	beziehungsweise
dh	das heißt
engl.	englisch
et al.	et alii (und andere)
etc.	et cetera
EU	Europäische Union
f	folgende Seite
ff	folgende Seiten
frz.	französisch
ggf.	gegebenenfalls
gr.	griechisch
Hrsg.	Herausgeber
Jh.	Jahrhundert
lat.	lateinisch
lt.	laut
NPM	New Public Management
Nr.	Nummer
NUM	New University Management
PPP	Public Private Partnership(s)
S.	Seite
u. a.	und andere, unter anderem
usw.	und so weiter
vgl.	vergleiche (bei sinngemäßen Zitaten, Verweisen)
Vol.	Volume (Band-Nummer eines Druckwerks)
zB	zum Beispiel

www.ingramcontent.com/pod-product-compliance
Lightning Source LLC
Chambersburg PA
CBHW070756300326
41914CB00053B/687